Georg Schweisfurth

Die Bio-Revolution

Die erfolgreichsten Bio-Pioniere Europas

Brandstätter

Inhalt

Warum Bio besser ist

Es gibt die einen, die beklagen, dass die Landwirtschaft samt Artenvielfalt den Bach hinuntergeht und die wichtige Arbeit der Lebensmittelerzeugung trotz Subventionen nicht gerecht entlohnt wird. Und es gibt die anderen, die die Ärmel hochkrempeln und zupacken: umsichtig, nachhaltig, freudig, erfolgreich – und „Bio".[1] Um diese Menschen und ihre Lösungen für die Großbaustelle Lebens-Mittel geht es in diesem Buch.

Die Bio-Revolution! Ich verstehe diesen Titel als Appell an alle, die für die Lebensmittel-Welt, wie wir sie uns gemacht haben, Verantwortung tragen. Das sind zunächst einmal die Lebensmittelkonzerne, seien es die industrielle Landwirtschaft, die Importeure, die weiterverarbeitende Industrie oder der Handel. Dazu gehören natürlich auch die Kundinnen und Kunden, die diese Systeme durch ihre Nachfrage zumindest mit ermöglichen. Außerdem die Politik, die den gesetzlichen Rahmen schafft und selbst den unsinnigen Teil der Globalisierung anheizt. Und auch die Wissenschaft, die die Welt unzulässig in ihre Einzelteile zerlegt und deshalb oft falsche Schlüsse zieht, trägt Verantwortung.

Mein Buch zeigt Gegenentwürfe zur industriellen Lebensmittelwelt von heute auf. Es gibt schon viele gute Beispiele von Menschen, die einen anderen Weg eingeschlagen haben und dabei sehr erfolgreich sind. Die mit dem Feuer im Kopf, wie es der Journalist Claus-Peter

1   „Ökologische" und „biologische" Landwirtschaft bzw. „Öko" und „Bio" werden in diesem Buch synonym verwendet. Das entspricht auch der EU-Bio-Verordnung (respektive EU-Öko-Verordnung), die beide Bezeichnungen gleichwertig zulässt.

Lieckfeld nennt. Sturschädel, die etwas erreicht haben. Gegen Greenwashing, also das Werben mit unzureichend durchgesetzter Nachhaltigkeit, und gegen Werbelügen.

Adam Smith hat vor 237 Jahren sein Werk „An Inquiry into the Nature and Causes of the Wealth of Nations" veröffentlicht, in dem die „unsichtbare Hand des Marktes" und ihre Unversehrtheit beschworen wird, was zum „höchsten Wohle aller" führe. Dieser Leitgedanke der Politik und Wissenschaft über Jahrhunderte soll uns glauben lassen, dass die Märkte es schon richten würden. Das hat aber nicht stattgefunden. Im Gegenteil: Das Laissez-faire des Wirtschaftsliberalismus hat uns – beschleunigt in den letzten 20 Jahren – ungleich verteiltes Einkommen, Armut, Hunger und eine zerstörte Umwelt gebracht. Aus ausgebeuteten Rohstoffen, kaputten Böden, Landraub und billiger Arbeit haben wenige ein riesiges Vermögen aufgebaut. Das unermesslich viele Geld, das die Notenbanken seit der Aufgabe des Prinzips der Bindung der Geldmenge an Gold und Warenmengen „gedruckt" haben, ist in den Taschen der Reichen gelandet und in noch nicht zurückgezahlte, risikoreiche Kredite gesteckt worden, die die Ungleichverteilung zementieren. Von Sozialverantwortung des Eigentums und „sozialer Marktwirtschaft", also dem Blick auf das Ganze und die Berücksichtigung des anderen, kann da keine Rede sein.

Der gute Bio-Mensch

Der Bio-Gedanke hat dagegen von Anfang an auch die soziale Dimension berücksichtigt, also vor allem gute Arbeit, Handwerk, ein gutes Auskommen, das nachhaltig ist. Arbeit statt übertriebener Mechanisierung. Die Natur zu schützen hat auch eine soziale Dimension. Faire Löhne und der Schutz kleiner Bauern, die naturgemäß produzieren, sind selbstverständlich. Dabei ist das Streben nach Gewinnen nicht vordergründig, aber auch nicht anzüglich, denn Gewinne schützen das Unternehmen. Der Unterschied bei der Betrachtung ist nur, dass die Vision von einer für alle lebenswerten Zukunft bei allem Handeln der Ur-Bios im Vordergrund stand – und nicht der persönliche Profit. Der kam dann von allein, weil viele Menschen gut fanden und finden, was die Bios machen.

Seit mehr als 25 Jahren stecke ich all meine Lebenskraft in Bio. Ich wollte immer alles anders machen als meine Vorväter, die nach dem Krieg eines der größten fleischverarbeitenden Unternehmen Europas aufgebaut haben. Während und nach meiner Zeit als Geschäftsführer unseres konsequent ökologisch-regionalen Familienunternehmens „Herrmannsdorfer"[2] bei München, das heute sehr erfolgreich von meinem Bruder Karl geführt wird, habe ich in Japan, Syrien und Frankreich drei Menschen[3] getroffen, die mir wie Väter waren und mir das Handwerkszeug für mein Leben geschenkt haben. Später habe ich mit Freunden die erste moderne Biosupermarktkette „basic – Bio-Genuss für alle"[4] gegründet, von der es 28 Märkte in Deutschland und zwei in Österreich gibt.

Wir sogenannten Bios werden von einigen immer noch als die „Gutmenschen" beschimpft, sehr wahrscheinlich, um ihre eigene rückwärtsgewandte Haltung zu verteidigen. Das hat mich ganz früher sehr verletzt, heute kann ich darüber nur schmunzeln. Der Wertewandel ist unaufhaltsam und wird auch diese Leute erfassen. Von den Bios erwartet man auch, dass sie immer hundertprozentig gut sind. Sie dürfen keine Fehler machen, zum Beispiel nicht zu McDonald's gehen, nicht fliegen und nicht rauchen, und keine Leute aus Bulgarien anstellen, auch wenn sie die gleichen Löhne oder Gehälter bekommen. Sobald ein Bio-Apfel aus Neuseeland mit dem Schiff hertransportiert wird, heißt es gleich: Bio ist ja auch nicht besser. Den Maßstab, den einige an Bio anlegen, legt man natürlich nicht an sich selbst an. Und die Bios dürfen kein Geld verdienen. Früher haben sie tatsächlich kein Geld verdient. Vielleicht, weil sie immer an ihren Prinzipien festgehalten

2   Herrmannsdorf, der Bio-Hof meiner Familie bei München, wurde 1985 gegründet. Neben der großen Landwirtschaft mit vorwiegend Schweine-Weidehaltung, Futter- und Getreideanbau und der Gärtnerei gibt es hier unter anderem eine Warmfleischmetzgerei mit eigenem Schlachthaus, eine Rohmilchkäserei, eine Vollkorn-Sauerteig-Bäckerei, das Wirtshaus zum Schweinsbräu nebst Brauerei und einen Hofmarkt. Die Gärtnerei, das Wirtshaus und die Käserei sowie die Kaffeerösterei sind verpachtet und verpflichten sich, nach den strengen ökologischen Regeln von Herrmannsdorf zu produzieren. Etwa 20 Verkaufsstellen in und um München verkaufen täglich die Produkte frisch aus Herrmannsdorf.

3   Toshihiro Imai aus Tokio hat mir den Sinn und die Schönheit von Handwerk gelehrt, Gérard Samaan aus Aleppo die Kunst und den Positivismus und Hans-Georg Kortmann aus Paris das Marketingprinzip „putting more than one thing together", nachzulesen in meinem Buch: „Bewusst anders, dtv 2012".

4   „basic – Bio-Genuss für alle" ist eine von mir 1997 mit gegründete Bio-Supermarktkette in Deutschland und Österreich mit Sitz in München. Die 30 Filialen haben eine große Auswahl, viel Frische – wie begehbare Gemüsekühlhäuser – und Bedienungstheken mit Käse, Fleisch und Wurst sowie ein modernes und ansprechendes Ambiente. In jeder Filiale gibt es ein Bistro oder ein Restaurant sowie eine große Naturkosmetik-, Naturkörperpflege- und Naturhaushaltswarenabteilung. Das Filialnetz erstreckt sich von Berlin über Hamburg, das Ruhrgebiet, das Rheinland, den Großraum Frankfurt, Schwaben und Bayern bis nach Salzburg und Wien.

haben. Bio wurde mit einer antikapitalistischen Haltung gleichge-
setzt. Das ist auch richtig, wenn man den ausbeuterischen Teil des Ka-
pitalismus meint.

Ich selbst mache auch Fehler, lebe nicht immer „biologisch", fahre
viel zu oft mit dem Auto und fliege auch schon mal um die Welt. Vielleicht mache ich einiges besser, manches sicher auch nicht, ich trinke
gerne Wein und rauche die eine oder andere (ökologische!) Zigarette.
Ich bin ja schließlich auch ein Kind unserer Welt und unserer Zeit.

Eine sanfte Revolution

Ein Freund fragte mich: Kannst du nicht mal aufschreiben, wer
die Bio-Pioniere sind und was sie tun und auszeichnet? Damit die Menschen sehen, wie sie leben und was sie antreibt? Damit die Vorurteile über-
dacht werden können? Und damit man sieht, dass Bio schön ist und glücklich macht? Das fand ich so gut, dass ich mir vorgenommen habe, die
besten und interessantesten Bio-Leute in Europa ausfindig zu machen.

Es ist eine Reise geworden zu Menschen, die sich in den Wind gestellt haben. Sie sind Stellvertreter und Stellvertreterinnen für viele
hundert weitere Bio-Bauern, -Verarbeiter und -Händler in ganz
Europa, die verstanden haben, dass es so nicht weitergeht. Die ein tie-
fes Verständnis für die Natur und die Natur der Tiere pflegen und trotz
vieler Widerstände aufrechterhalten. Auch will ich zeigen, dass man
als Bauer oder Käserin oder Brauer oder Metzger sehr glücklich sein
kann, wenn man sich aus dem konventionellen System verabschiedet
und den Bio-Weg eingeschlagen hat. Nicht aus Geldmacherei, sondern
mit einem tiefen Anliegen und einer tiefen Überzeugung. Sie werden
sehen, dass alle gut verdienen und leben können, und das nachhaltig,
weil sie, wie ich immer sage, „den Kunden haben". Das ist für mich die
erste Voraussetzung für Unabhängigkeit und Stabilität.

Meine Reise zu den Bio-Stars

21 Betriebe in zehn europäischen Ländern habe ich besucht.
Zwei Monate war ich mit Kamera und Notizbuch unterwegs. Es war sicher eine der interessantesten Zeiten meines Lebens. Die Vorberei-
tungsphase, bei der mir Veneta Gantcheva-Jenn aus München hervorragend geholfen hat, war mit vielen Recherchen, Telefonaten, Briefe-
schreiben und konzeptionellem Planen ausgefüllt. Auch war es mir
wichtig, möglichst viele Betriebsformen und Länder zu besuchen. Um

einen Überblick zu haben, wie man die vielen Früchte Europas auch anders anbauen, verarbeiten und vermarkten kann, und um ganz unterschiedliche Menschen und ihre Überzeugungen in Wort und Bild „einzufangen". Die Bedingungen in Andalusien in der Dehesa mit den Ibérico-Schweinen bei Ernestine Lüdecke und Hans-Gerd Neglein sind völlig andere als auf der Kalchkendlalm beim Brotbacken mit Roswitha Huber. In Dänemark habe ich ganz kleine, aber sehr wichtige Projekte wie den Schulgarten von Mogens Biune besucht. In Polen war ich bei Sebastiaan Huisman auf der Juchowo Farm. Das ist ein großer Demeter-Betrieb[5] mit 360 Milchkühen und 2500 Hektar bewirtschaftetem Land, etwas völlig anderes als der kleine Ziegenbetrieb von Brigitte, Denis und Vincent Sauveplane in Südfrankreich. Bei Paul Walter, dem letzten Krabbenfischer von Sylt, habe ich öfters an die Riedenburger Brauerei von Michael Krieger im Altmühltal gedacht und mich gefragt, was diese beiden überzeugenden Protagonisten gemeinsam haben, und ich habe festgestellt, dass sie beide für die gleiche Sache kämpfen, nämlich für den Erhalt der Diversität in der Natur und für das ehrliche Handwerk ohne Chemie auf der Basis eines ehrbaren Kaufmannes. Bei jedem Projekt lehnt sich jemand gegen die Industrie, das System auf und zeigt dabei, dass man auch glücklich sein kann, wenn man andere nicht verdrängt, sondern seine ideale Größe sucht und findet, und nicht versucht, in den Himmel zu wachsen. Alle Betriebe, auf denen anders gearbeitet wird, sind wichtig, um Europa eine bessere Zukunft zu verleihen, egal ob ich sie besucht habe oder nicht. Und das Schöne und fast Unerwartete war, dass es allen ökonomisch sehr gut geht. Dass sie Stolz und Freude an ihrem Tun haben, nicht vergleichbar mit den manchmal sehr verzagten Äußerungen konventioneller Bauern.

Ich war auch auf Highgrove bei Prinz Charles in Südengland, der dort seit 30 Jahren Bio-Landbau betreibt. Er ist zwar nicht in meinem Buch vertreten, aber es ist mir wichtig zu erwähnen, dass er ein bedeutender Vorreiter für Großbritannien und die ganze Welt ist, denn er scheut sich nie, die Missstände in der Welt mutig anzusprechen. Ein nachdenklicher und sympathischer Mann mit einem ungeheuer tiefen Wissen, der sein Leben der Gesundung der Erde widmet.

Meistens bin ich auf den Höfen und Betrieben über eine, manchmal zwei Nächte geblieben, weil ich mich auf die Menschen richtig einlas-

---

5   Das Markenzeichen „demeter" wird seit 1928 verwendet. Es steht für biodynamische Landwirtschaft.

sen wollte, um alles genau zu erfahren. Oft kamen dann die persönlichen und fundamentalen Aussagen auch erst am zweiten Tag, nachdem man den ersten Nachmittag zum Verstehen des Faktischen und (immer!) den ersten gemeinsamen Abend zum gegenseitigen Kennenlernen genutzt hat. Immer waren es interessante und freundschaftliche Begegnungen, die Bios halten eben zusammen. Es war manchmal nicht ganz einfach, abwechselnd zu schreiben und zu fotografieren. Aber ich wollte nicht mit einem Fotografen aufschlagen, um die Begegnungen ganz persönlich zu halten.

Auf Mallorca war ich zweimal, beim Scouting dort hat mir Tom Gebhardt geholfen, der in Bunyola einen kleinen Naturkostladen betreibt. Er hat auch liebenswerterweise übersetzt. In Frankreich war mein Scout Bert van den Abele, ein alter Freund und Weinhändler, der in Südfrankreich lebt und ein feines Gespür für Qualität besitzt. In Skandinavien hat meine dänische Freundin Kille Enna, mit der ich 2011 ein Kochbuch geschrieben habe und die ich auch hier in meinem Buch porträtiere, mit mir über die guten Projekte diskutiert. Kille hat mich nach Knuthenlund in Dänemark und Ängavallen in Schweden begleitet.

Auf der Reise ist mir nicht nur klar geworden, dass alle meine „Bio-Stars", wie ich sie immer nenne, ähnliche Erfahrungen im Leben gemacht haben, ähnlich die Probleme in der Welt analysieren, daraus ähnliche Lösungen für sich ableiten und ähnlich denken, sondern auch, dass sich Qualität immer auszahlt, wenn man sich gut organisiert und den Endkunden hat. Denn wenn man in der Lage ist, die Preise für seine Erzeugnisse selbst zu bestimmen und sie gegenüber den Menschen direkt zu vertreten, anstatt in den Sog der globalen Märkte zu geraten, ist eine wichtige Voraussetzung für Zufriedenheit und persönliches Glück erfüllt.

Dieses Buch soll ein positives Buch sein, das an Beispielen toller Leute Mut und Lust auf echte Qualität von Lebensmitteln und überhaupt Lebensqualität macht, auf Nähe, auf unsere eigene Region, auf Gemeinschaft vielleicht, auf alle Fälle aber auf Authentizität und Achtsamkeit.

Damit meine Bio-Stars als echte Alternative Raum bekommen, muss ich im Vorspann dieses Buches auch über die grausamen Seiten unseres industriellen Agrosystems sprechen. Wo wir uns selbst hinmanövriert haben. Hoffentlich haben Sie dafür Verständnis. Da sind einige Dinge zu beleuchten, die mir wichtig sind. Ein Zustandsbericht, der sicher nicht vollständig ist, aber meine Erfahrungen aus 25 Jahren beruflichen Lebens im Bio-Landbau und in der Bio-Verarbeitung widerspiegelt, insbesondere während meiner Tätigkeit in den Herrmannsdorfer Landwerkstätten sowie dem Einzelhandel mit Bio-Produkten in den basic-Bio-Supermärkten.

Small is Beautiful

Aus dem vorfindlichen und überkommenen System auszusteigen ist mutig und klug zugleich, und wenn alle das täten, wäre es sogar mehr als eine Revolution. Es wäre sehr wahrscheinlich unsere Rettung.

Allem voran steht: Wir müssen wegkommen vom Mehr-Schneller-Größer, das ist schädlich für alle, und eigentlich wissen das auch alle. Aber wie sollen wir davon wegkommen? Instabile Monokulturen, wohin das Auge blickt! Profit über alles! Große Systeme sind anfällig. Das haben Ernst Friedrich Schumacher und Leopold Kohr schon vor Jahrzehnten an Beispielen gezeigt, und das hat in einfacher Sprache einer meiner Protagonisten in diesem Buch, Paul Walter, der letzte Krabbenfischer von Sylt, so formuliert: „Die Menschen müssen endlich erkennen, dass die Bäume nicht in den Himmel wachsen können."

Das agro-industrielle System, das wir uns in den letzten 50 Jahren geschaffen haben, hat uns bald an den Rand des Ruins gebracht. Es ist weder gut für Boden, Pflanzen und unsere Umwelt, noch für die Tiere, und am Ende auch nicht für uns Menschen. Es beutet aus, es macht uns krank, und am Ende verdienen nur die multinationalen Konzerne und deren Shareholder. Darüber gibt es schon viele Bücher, aber es lohnt, sich die Realität immer wieder vor Augen zu führen.

Wer sich heute die Mühe macht, in die globale Agrarhandelswelt hineinzuschauen, erlebt ein extrem kurzfristiges Denken und Handeln. Agrarprodukte von den Weltmärkten sind sogenannte Commodities, also Waren ohne Qualitätsunterscheidungen und ohne regionale Herkunftsauslobungen. Die großen Verarbeitungsunternehmen kaufen diese Rohstoffe täglich am Spotmarkt, zumeist in Rotterdam, und keiner hat eine Ahnung, wo diese Rohstoffe dieses Mal herkommen. Es macht umgekehrt extrem viel Mühe, die Rückverfolgbarkeit sicherzustellen, was ja eine Voraussetzung für die Garantie besserer Arbeitsbedingungen für die Bauern und Plantagenarbeiter, die Gewährung besserer Löhne und den Einsatz von weniger Pestiziden wäre. Ein paar wenige in der Industrie, wie zum Beispiel die Firma Mars, weltgrößter

Süßwarenhersteller, machen sich heute die Mühe, Rückverfolgbarkeit herzustellen. Aber es kostet sie Jahre, ein System dafür aufzubauen, denn die globalen Marktsysteme sehen das nicht vor. Vielen Industrieunternehmen ist das aber einfach zu lästig.

Retro-Innovation

Diesen Begriff habe ich von meinem verstorbenen Freund Lionel Poilâne gelernt, und ich möchte ihn hier einführen, weil ich mit ihm verdeutlichen will, dass es meinen Protagonisten und mir nicht um einen verklärenden, romantisierenden Traditionalismus geht, sondern um eine echte Zukunftsperspektive für die Menschen in dieser Welt, also um etwas Vorwärtsgerichtetes. Lionels Geschichte muss deshalb hier erzählt werden.

Seit 150 Jahren gibt es eine kleine Bäckerei in der Rue du Cherche-Midi in Paris, wo schon die Vorfahren von Lionel eine kleine Bäckerei betrieben haben. Ein exquisites Brot aus Sauerteig, im Keller gebacken, im Laden im Erdgeschoß verkauft. Lionel wollte wachsen, er wusste aber genau, dass er mit der Errichtung einer Großbäckerei die Qualität seines Brotes verspielen würde. Das Geschick des Handwerkers, mit dem Sauerteig umzugehen, zu riechen, zu fühlen und zu schmecken, und der kleine Holzofen sind für die Qualität des Brotes maßgeblich. Messgeräte, also Zeitmessung, Temperaturmessung, Wassermengenzähler, wurden seit jeher nicht verwendet. Lionel wollte unter allen Umständen dieses handwerkliche Geschick und die Liebe seiner Mitarbeiter im Brot wiederfinden, also entschloss er sich, das Werkstatt-Prinzip von der Pariser Innenstadt auf die grüne Wiese zu bringen. Er baute 25 ähnliche Backstuben, in einem Kreis angeordnet, sodass in der Mitte der Nachschub an Brennholz und frisch gemahlenem Mehl gelagert werden konnte. In jeder Werkstatt arbeiten zwei Männer, es gibt bis heute keine Technik, keine Großbacköfen, keine Backmittel und keine Chemie. Genau diesen Vorgang hat Lionel Retro-Innovation genannt: Retro steht für die Tatsache, dass man genau bis zu dem Punkt in der Brotbackwelt zurückgeht, an dem Qualität noch möglich war, also keine Zurückgewandtheit, sondern clevere Analyse der Ist-Situation. Die Innovation ist hier, dass man das handwerkliche Prinzip multipliziert – völlig gegen die „normale" Logik der Industrie. Übrigens: Lionels Tochter Apollonia führt das Geschäft in Lionels Sinn weiter. Das Pain Poilâne wird in die ganze Welt verschickt, da es durch die lange Sauerteigführung extrem haltbar ist. Poilâne ist Vorbild für eine ganze Generation von Bäckern geworden.

Ingenieursdenken bestimmt die Welt

Die Gegenwart ist von einem enormen Perfektions- und Effizienzglauben geprägt. Schaut man mit unscharfem Blick auf die Lebensmittelwirtschaft, muss der Eindruck entstehen, dass wir alles im Griff haben: Die Regale sind immer voll, die Auswahl ist riesig, die Qualität der Produkte ist immer gleich, alles ist immer und überall verfügbar, zumindest in den Industrieländern. Hinter den schönen Etiketten ist aber die Wahrheit verborgen, und sie lugt manchmal und immer öfter dahinter hervor. Marketingfachleute zeichnen in jeder Hinsicht ein buntes Bild. Hinter dieser Perfektion steht eine riesige Logistik-Maschinerie, die inzwischen die ganze Welt umspannt. Dabei nehmen die Warenströme zu. Allein in Deutschland haben sich in den letzten fünf Jahren die „Tonnenkilometer", also die Warenmenge, die insgesamt über Deutschlands Straßen transportiert wird, um etwa 30 Prozent erhöht. Von der Vergrößerung der Infrastruktur, die dafür nötig ist, ganz zu schweigen. Der kurzfristige Effizienzgedanke und das Ingenieursbild von heute, das eine absolute Vorhersehbarkeit der Ereignisse wünscht, hat eine Reduktion der Sicht auf die Welt und auf ihre natürlichen Regelmechanismen zur Folge, und diese Reduktion ist fatal. Fast die ganze Wissenschaft ist davon durchzogen. Was am Anfang wie ein guter Plan aussieht, wird in dem Moment, in dem er in die Realität umgesetzt wird, oft zum Desaster. Das eindrücklichste Beispiel hierfür ist die gut gemeinte Idee der Biogasanlagen, die zu einem echten Umweltproblem geworden sind, weil sie Monokultur und agro-industriellen Unsinn fördern, Transportaufwand für zumeist Mais erhöhen und auch im Betrieb nicht klimaneutral funktionieren. Die Gesamtrechnung geht nicht auf. Auch die Grünen haben da nicht aufgepasst.

Auch das Bildungswesen ist dem Reduktionismus zum Opfer gefallen. Unsere jungen Menschen lernen heute, wie sie in Zukunft zum falschen System beitragen können. Die Bildung wird verwissenschaftlicht und technokratisiert. Intuition, Weitsicht und menschliches Maß werden nicht gelehrt. Humanismus ist zum Fremdwort mutiert. Im neuen Film des österreichischen Dokumentarfilmers Erwin Wagenhofer „alphabet – Angst oder Liebe" wird das drastisch deutlich. „Die

15

politisch und wirtschaftlich Mächtigen wurden an den besten Schulen und Universitäten ausgebildet. Ihre Ratlosigkeit ist deutlich zu spüren, und an die Stelle einer langfristigen Perspektive ist kurzatmiger Aktionismus getreten", schreibt Wagenhofer in seiner Story zum Film. Er zeigt, dass „die Grenzen unseres Denkens von Kindheit an zu eng gesteckt wurden". Die Schule ist zwar freier geworden, der Drill ist weg, aber die Inhalte spiegeln die alten normierten Standards wider, die aus der Frühzeit des Industrialismus stammen. „Leistung als Fetisch der Wettbewerbsgesellschaft ist weltweit zum Maß aller Dinge geworden."

Was hemmt die Entwicklung?

Natürlich ist es nicht so leicht, die Strukturen, die in 50, vielleicht 150 Jahren geschaffen wurden, zu verändern oder zum Beispiel durch Retro-Innovationen umzulenken. „Es hat sich einfach so entwickelt, und das war ja nicht schlecht, wir haben eine große Auswahl an Lebensmitteln, Sicherheit, niedrige Preise", loben die Alten – und oft auch die Jungen – ihre Errungenschaften. *Change is not easy*, das habe ich bei der Firma Herta, dem 116 Jahre alten Betrieb meiner Familie, gesehen. Dieses große „Schlachtschiff", der damals größte fleischverarbeitende Betrieb Europas, ließ sich aus damaliger Sicht nicht ökologisieren, das hätte er wohl nicht ausgehalten. Zu gefestigt waren die Strukturen, von denen Tausende von Bauern sowie Mitarbeiter abhängig waren. Auch deshalb hat mein Vater das Unternehmen 1985 an Nestlé verkauft.

Den Veränderungen steht oft auch der Stolz über das Erreichte im Weg, die Dankbarkeit für den erlangten „Wohlstand" – der leider auf fremde Kosten geschaffen wurde. In der Industrie sind die Margen entweder zu gering, um ein Risiko gegenüber den Shareholdern eingehen zu können, oder zu hoch, und man will sich ungern „verschlechtern". Also werden die Dinge, wie sie sind, auf Gedeih und Verderb erhalten. Mit immer mehr technokratisch-künstlichen Mitteln und Preisdruck versucht man die Maschinerie am Laufen zu halten. Viele traditionelle Unternehmen kämpfen ums Überleben, der Verdrängungskampf in einer übersatten Gesellschaft trägt das Übrige dazu bei. Noch stehen viele Manager stolz auf ihren Kommandobrücken und beschwören die alten Zeiten: mit Pauken und Trompeten in den Untergang. Aber der Wertewandel in der Gesellschaft ist in vollem Gange. Selbstbestimmung und Sicherheit sind zentrale Bedürfnisse geworden – ein Trend, der durch die Finanzkrise, durch die Reaktorkatastrophe in Fukushima, durch Lebensmittel- und die aktuellen Datenschutzskandale noch verstärkt wurde. Die Menschen verstehen zunehmend, welch fatale Folgen der Klimawandel hat und wie die globalen Märkte das Schicksal der Menschen beispielsweise in Afrika beeinflussen. Es entstehen neue Wertvorstellungen und mit ihnen neue Lebensstile, die durch verändertes Handeln sichtbar werden. Das zunehmende Bewusstsein für die Umwelt, für Soziales und die Begrenztheit wirtschaftlichen Wachstums wird durch die weltweite Online-Vernetzung enorm befördert.

Zeit ist Geld

Die Möglichkeit, auf Veränderungen schnell reagieren zu können, steht bei den Technokraten ganz oben. Da verliert man rasch den Blick aufs Ganze und auf die Grundfehler im selbst errichteten System. Wenn beispielsweise der Verarbeitungsprozess in der Industriebäckerei nicht gut läuft, wird der Weizen aus den USA importiert, weil der einen höheren Eiweißgehalt hat.

In den fleischverarbeitenden Betrieben, die industriell und effizient arbeiten, wird auch keine Qualität mehr erzeugt, weil immer alles ganz schnell gehen muss. Eine Rohwurst muss in einer Woche fertig sein. Das, was bei einer Naturreifung sechs Wochen dauert, wird mithilfe von Schnellreifemitteln und Säure in kurzer Zeit erzeugt. Aber es ist nicht mehr das Gleiche: Alle industriell gefertigten Salamis auf der ganzen Welt schmecken im Prinzip gleich – und zumeist auch noch sauer.

„Time is Money", dieser von Benjamin Franklin 1748 geprägte kurze Satz hat die Welt durch die letzten 250 Jahre begleitet. Die ganze Wirtschaftsdenke basiert darauf, denn Geld wurde mit Zeiteinheiten relativiert, umgekehrt die Zeit in Geld ausgedrückt, Umsatz pro Monat und Jahr, Jahresergebnis oder Output pro Minute, so, als ob es keine anderen Parameter gäbe, wirtschaftliche Aktivitäten zu bewerten. Ich denke, man sollte, um das Wirtschaften zu beurteilen, neben die wirtschaftlichen Messgrößen auch soziale, ökologische und kulturelle Faktoren stellen: Wie steht es um die Verteilung der Einkommen in einer Gesellschaft oder auch in einem Betrieb? Also die Betrachtung der guten alten Lohn- und Gewinnquote beispielsweise, die die Entwicklung der Verteilung der Einkommen in einem Staat anzeigt. Oder das Wievielfache ein Manager im Vergleich zum Durchschnitt seiner Mitarbeiter und Mitarbeiterinnen verdient. Eine Quote von 1:10 ist da eher die unterste Grenze, nach oben ist sie extrem offen! Diese Parameter und weitere finden mehr und mehr Beachtung. Manche Unternehmen nehmen sie bereits in ihre Nachhaltigkeitsberichte auf, wie zum Beispiel Toyota, andere wie BMW und Mercedes Benz hingegen lassen kritische Fragen einfach an sich abperlen. In einer Zeit, in der Unternehmen teilweise größer und mächtiger sind als Nationalstaaten, stellt sich die dringliche Frage, ob sich Unternehmen und Manager jemals grundlegend ändern werden.

Menschenrecht auf Nahrung

Die Verteilung der Einkommen in der Welt lässt sich eindrücklich an zwei Zahlen zum Ausdruck bringen: Eine Milliarde Menschen hungert, eine Milliarde leidet an Übergewicht. In Afrika hungern 35 Prozent der Menschen, 600 Millionen sind es in Asien. „Die Kommissare in Brüssel sind verantwortlich für den Hunger in Afrika", sagt Jean Ziegler, ehemaliger UN-Sonderberichterstatter für das Recht auf Nahrung. Die, wie er sie nennt, liberale Marktideologie der EU hätte zu „Agrardumping" geführt, das nun den afrikanischen Kontinent hungern lasse. Auch Konzerne sollten angewiesen werden, das universelle Menschenrecht auf Nahrung, das sich aus Artikel 25 der „Allgemeinen Erklärung der Menschenrechte" ergibt, durchzusetzen. Mit dem Chef des Nahrungsmittelkonzerns Nestlé, Peter Brabeck, geht er hart ins Gericht: „Shareholder Value ist strukturelle Gewalt." Ziegler sagt, dass Deutschland die vitalste Demokratie dieses Kontinents sei – sie könnte alles Brutale brechen, zum Beispiel die Spekulation auf Grundnahrungsmittelpreise, die insbesondere von der UBS betrieben wird. Der Hunger in der Welt ist also ein Verteilungsproblem und kein generelles Nahrungsverfügbarkeitsproblem. Manche Bio-Kritiker behaupten ja immer noch steif und fest, Bio habe keine Bedeutung, solange es noch Hunger auf der Welt gibt.

Rohstoffausbeutung

Nur am Rande: Ein wichtiger Parameter bei der Bewertung wirtschaftlicher Aktivitäten wäre der einer gerechten Verteilung der natürlichen Ressourcen. Um Rohstoffe, wie beispielsweise Coltan, das zur Herstellung von Computern und Mobiltelefonen notwendig ist, wurden schon Kriege geführt, wie jener im Ostkongo, der in zehn Jahren 6 Millionen Tote gefordert hat. Wie sollen wir den Preis der Mobiltelefone und Smartphones errechnen? Sie wären unbezahlbar. Oder das viele Blut, das in den zahlreichen Bürgerkriegen um Enteignung von Boden vergossen wurde. Es wird nicht in die Bilanzen eingerechnet. Oft wird behauptet, die Probleme seien viel zu komplex und kompliziert zu lösen, aber ob das wirklich stimmt? „Nicht die Probleme sind kompliziert, sondern unsere eigene Verstrickung ist es", schreibt der Schweizer Buchautor und Dramaturg Lukas Bärfuss in seinem Vorwort zum Buch „Rohstoff – das gefährlichste Geschäft der Schweiz". Und das gilt natürlich nicht nur für die Schweiz.

Land Grabbing

Land Grabbing, auf Deutsch Landraub, meint den großflächigen Aufkauf von fruchtbaren Böden vor allem in Ländern des Südens durch Großinvestoren, und zwar gegen den Willen der ansässigen Bevölkerung, die nicht am Prozess gleichberechtigt beteiligt ist, und gegen internationale Minderheiten- und Menschenrechte. Seit der Finanzkrise 2008/09 ist fruchtbarer Boden weltweit begehrt. Vor drei Jahren hat man der Deutschen Bank vorgeworfen, sie würde sich über ihre Fondsgesellschaft DWS an Firmen beteiligen, die Land Grabbing betreiben. So ist etwa der thailändische Zuckerkonzern KSL, an dem die DWS Anteile hielt, für den massiven und brutalen Landraub in Kambodscha verantwortlich, wo 400 Bauernfamilien mit Waffengewalt von ihren angestammten Reisfeldern vertrieben wurden. Diese Bauern sind bis heute nicht angemessen entschädigt worden. Zu Kolonialzeiten gab es ähnliche Phänomene, heute ist vor allem die internationale Finanz- und Agrarindustrie daran beteiligt. Angetrieben wird Land Grabbing durch die staatliche Förderung von Sprit und Sprit-Beimischungen aus Agrarrohstoffen wie Zuckerrohr und Palmöl, die importiert werden, aber auch durch den massiven Preisanstieg bei den Grundnahrungsmitteln und den weltweiten Anstieg des Fleischkonsums und dem damit einhergehenden Weideflächen- und Ackerlandbedarf. Die Bodenpreise schießen in die Höhe, hierzulande auch durch die Subventionierung von Biogas und Biosprit.

Auch staatliche Konzerne beteiligen sich am Landraub. Saudische und indische Staatsfirmen kauften zum Beispiel in Äthiopien Hunderttausende Hektar Land. Während der Hungerkrise im Jahre 2011 entstand in Äthiopien die absurde Situation, dass in den betroffenen Regionen gleichzeitig Millionen von Tonnen an Lebensmitteln für den Export erzeugt wurden.

Fruchtbares Ackerland und Waldgebiete sind am meisten von Landraub betroffen, auch wenn die Investoren immer behaupten, es handle sich zumeist um nicht genutztes Land. Ein Drittel der Landgeschäfte, die aktuell etwa 200 Millionen Hektar ausmachen, betreffen Waldgebiete. Durch das Abholzen wird massenhaft CO_2 freigesetzt und die Artenvielfalt zerstört.

Die Konzerne bauen auf riesigen Flächen Palmöl an, zum Beispiel in Indonesien im Regenwald, der dafür abgeholzt wurde, insgesamt 9 Millionen Hektar Palmöl-Plantagen, oder im Kongo, dort „nur" 70.000 Hektar mitten im Regenwald, durch die italienische Firma ENI. Hedgefonds und Investmentfonds, die früher nie in die Landwirtschaft investiert haben, tun das nun wegen der zu erwartenden hohen Renditen – mit dramatischen Folgen für Mensch und Natur. Hedgefonds und Investmentfonds besitzen in Afrika 41 Millionen Hektar Land. Und gleichzeitig hungern die Menschen in Mali, erklärt Jean Ziegler, nur 25 Prozent der Frauen dort haben aufgrund mangelhafter Ernährung genug Milch, und diese Mangelernährung zerstöre bei vielen Kindern bereits im Mutterleib die Hirnzellen, sodass sie als Invaliden auf die Welt kommen. Drastischer kann man die Ungleichverteilung von Chancen nicht erklären. Ziegler spricht von einer kannibalischen Weltordnung.

Patent auf Leben

Typisch für die industrielle Landwirtschaft der großen Agrarkonzerne wie Cargill und die Saatgut- und Pestizidkonzerne wie Monsanto, Pioneer, Bayer und Syngenta sind riesige Monokulturen sowie der exzessive Einsatz von Chemikalien und genetisch modifiziertem Saatgut. Drei Agrargiganten – Monsanto, DuPont (Pioneer) und Syngenta – beherrschen heute etwa 50 Prozent des weltweiten Saatgutmarktes. Nicht vermehrbares Saatgut beutet die Bauern in Schwellen- und Entwicklungsländern aufs schamloseste aus. Die industrielle Landwirtschaft ist – aufs Ganze gesehen – völlig ineffizient, wenn man Effizienz als den Faktor zwischen Input und Output definiert. Für eine Kalorie in Industrienahrung müssen zehn bis zwanzig Kalorien eingesetzt werden: ölintensive Landwirtschaft, ölintensive Verpackung, ölintensiver Transport, ölintensive Lagerung. Und die Agrarindustrie wird reicher und reicher. Sie erfindet seit 60 Jahren anfällige Pflanzen, um dann mit den ebenfalls von ihr entwickelten Chemiekeulen noch mehr Geld verdienen zu können.

Fast alle Forschungsgelder der Welt gehen heute in die konventionelle Agrarforschung, nur Peanuts in die Erforschung des Bio-Landbaus und die nachhaltige Entwicklung des Agrar- und Ernährungssektors. Alle Staaten, auch Deutschland und Österreich, haben die Forschung an die Industrie abgegeben. Diese beherrschen mit ihren Patenten die Agrarwelt und beuten die Bauern aus. Die Konzerne machen erst die Böden, Pflanzen und Tiere krank – und dann die Menschen, sagen unabhängige Agronomen. Die Böden werden immer mehr ausgelaugt, der Humusgehalt sinkt unaufhörlich, und zwar jedes Jahr um 1 Prozent im Weltdurchschnitt! Bei momentan 4000 Tonnen Erde pro Hektar Land gehen jedes Jahr 40 Tonnen verloren. Die Böden werden durch die Agroindustrie immer mehr entwertet, bis sie verschlammen und auf kurz oder lang im Meer enden. Das sehen die staatlichen Behörden nicht, wenn sie ihre Forschungsgelder verteilen. Das Geld – unsere Steuergelder – wird nicht dazu verwendet, unabhängiger und mittelfristig krisenfest zu werden, sondern treibt uns immer noch mehr in die entgegengesetzte Richtung und in die Krise hinein. Das ganze System ist obendrein in allerhöchstem Maße von Öl und Gas abhängig.

Vom Erdöl abhängig

25 Prozent der Treibhausgase werden durch die industrielle Landwirtschaft verursacht, 40 Prozent sind es, rechnet man die CO_2-Freisetzung durch den weltumspannenden Transport dieser Güter hinzu! Wir sind heute, wenn es um unsere Ernährung geht, komplett abhängig von Öl und Gas. Doch was passiert, wenn es zu unerwarteten Preisschwankungen und Lieferengpässen kommt? Wie können wir uns davor schützen? Wie sieht die Landwirtschaft ohne Öl und Gas eigentlich aus, wenn „Peak Oil" eingetreten ist, also die Ära des billigen Öls zu Ende ist? Die Landwirtschaft wird aufgrund der abnehmenden Fruchtbarkeit der Böden immer intensiver: immer mehr Kunstdünger aus Erdöl, immer mehr „Pflanzenschutzmittel" aus schädlicher Chemie – wo führt das hin? Es wird langsam klar, dass die Weltbevölkerung mit der chemischen Landwirtschaft nicht mehr ernährt werden kann.

Biosprit ist unter keinen Umständen klimaneutral, das haben 168 Wissenschaftler schon 2011 in einem offenen Brief an die EU konstatiert. Und Biogas ist es auch nicht: Allein der massiv gestiegene Transport von Futter für diese gefräßigen Anlagen wiegt den Vorteil bei weitem wieder auf. Nur ein System, das mit Abfällen auskommt und diese zu wertvollem Agrogas oder Agrosprit macht, ist klimaneutral, verhindert Nahrungsmittelkonkurrenz und ist überlebensfähig. Upgrading von Abfällen statt Downgrading von wertvollen Lebensmitteln.

Ausbeutung der Bauern

Die Bauern bekommen heute nur noch einen Bruchteil des Enderlöses eines Lebensmittels. Hier ist die Schere in den vergangenen 20 Jahren noch einmal deutlich aufgegangen, speziell in den Schwellenländern. Ich selbst war an der Elfenbeinküste und habe mit eigenen Augen gesehen, wie korrupt die Kakaohändler sind und wie sie die hilflosen Bauern über den Tisch ziehen, weil diese von ihnen abhängig sind. Die Lebensumstände sind miserabel, und dann kommen auch noch die europäischen Chemiefirmen und verkaufen den Bauern teure Pestizide, die in Europa längst verboten sind, und mit deren Gefahren sie kaum umgehen können. Die lokalen Märkte müssen sich zwanghaft in die globalen Märkte einfügen, und so passiert es, dass die Bauern ihre Preise nicht mehr selbst bestimmen können.

Nur eine lokale Vernetzung führt heraus aus dieser unwürdigen Situation. Die Bauern müssen die Preise für ihre Waren wieder selbst bestimmen können, und dazu müssen sie wieder näher heran an die Kunden, direkter oder am besten direkt vermarkten: sich zusammenschließen, gemeinsam mit den Verarbeitern und den Händlern Märkte aufbauen, aus der Isolation heraustreten. So machen es meine Bio-Stars, ihnen ist das Kunststück gelungen.

„Verarmung" des ländlichen Raumes

Kommen wir zurück zu den Themen, die uns in Mitteleuropa direkt betreffen. Hier können wir noch eher selbst bestimmen, wie wir es haben wollen, wie wir unser Land gestalten wollen. Ein wichtiges Thema, wenn auch nicht so prekär wie in Afrika oder Asien, ist die Verkümmerung des ländlichen Raumes. In Europa gibt es Gegenden, in denen nur noch alte Menschen leben. Die Jungen hat es in die Städte oder ins Ausland gezogen, weil das Leben auf dem Land keine

Zukunft für sie hat. Ich kenne die Situation in Polen und in Serbien gut, beide Länder habe ich jüngst besucht. In Polen, dort, wo das Bio-Dorfprojekt Juchowo Farm entsteht, über das ich hier im Buch berichte, sind die umliegenden Dörfer in den vergangenen Jahren immer leerer geworden; die Spirale dreht sich nach unten. Hier hat man begonnen, wieder sinnvolle Arbeitsplätze zu schaffen, indem man die Lebensmittelerzeugung und -versorgung nicht den internationalen und nationalen Handelsketten überlässt, sondern beispielhaft wieder selber managt.

In Serbien zeigt sich das gleiche Bild, wenn auch noch krasser. Ich war mit Freunden aus der Entwicklungs- und Agrarbildungsszene in einem Dorf namens Neradin, nur 20 Kilometer entfernt von der Donaumetropole Novi Sad, mitten im Nationalpark Fruška Gora, einer herrlichen Landschaft. Hier steht die Hälfte der Häuser leer, die Jungen sind weg, keine Zukunft. Dieses Dorf schreit förmlich danach, entdeckt und wiederbelebt zu werden! Den Bauern wieder einen guten Preis für ihre Produkte zu geben, gutes Lebensmittelhandwerk einzurichten, die Rohstoffe der Region zu verarbeiten und nach Novi Sad direkt oder indirekt zu vermarkten. Wir haben uns entschlossen, das anzugehen und dort zu helfen.

In Deutschland leben mittlerweile über 74 Prozent der Menschen in Städten. Die Tendenz ist in den meisten Regionen steigend. Damit einhergehend nimmt natürlich die Versorgung der noch verbliebenen und schrumpfenden Landbevölkerung ständig ab, sei es im öffentlichen Personennahverkehr, in der Versorgung mit Lebensmitteln oder im Angebot an Kultur. Wenn man nur die Produkte des täglichen Bedarfs einkaufen will, ist man auf eine Fahrt mit dem Auto zum nächstgelegenen Discounter angewiesen. Ist das Lebensqualität? Was ist passiert mit Deutschland?

Nach einer aktuellen Studie sind allein in Deutschland 8 Millionen Menschen „unterversorgt". Von den 600.000 selbstständigen Dorfläden mit Lebensmittelangebot, die wir 1970 noch hatten, sind nur noch 20 Prozent übrig geblieben. Natürlich gibt es auch Regionen wie Oberbayern, Schwaben, oder in Österreich das Mühlviertel, in denen wir Zuwanderung haben und wo sich eine gute Infrastruktur entwickelt, aber die Regel ist das nicht. Haben wir bald menschenleere ländliche Regionen, wo nur noch großflächig mit viel Maschinen- und wenig Menscheneinsatz monokulturelle Landwirtschaft betrieben wird – ausgeräumte Landschaften? Da müssen wir dagegenhalten!

Demografischer Wandel

Ein anderes Thema wird uns noch Sorgen bereiten: der demografische Wandel. Wie sollen wir das ökonomische System aufrechterhalten vor dem Hintergrund einer Gesellschaft, die, wenn keine Zuwanderung zugelassen wird, stetig schrumpft? Derzeit haben wir 50 Millionen Menschen in Deutschland im erwerbsfähigen Alter, 2030 werden es nur noch etwa 42 Millionen sein, und so fort. Was das für die Sozialsysteme, die Innovationskraft der Unternehmen und die Entwicklung der ländlichen Regionen bedeutet, kann man sich ausmalen.

Aber es besteht Hoffnung: Entlang der Megatrends – Vernetzung über das Internet, zunehmende Individualisierung, Urbanisierung, Globalisierung, Mobilität, demografischer Wandel und Bewusstsein für Nachhaltigkeit – verändern sich die Lebensstile deutlich und schneller als je zuvor. Auch ein größeres Bedürfnis nach Verbraucherschutz ist zu spüren. Hinzu kommt, dass es immer mehr ältere Mitbürger gibt, die unsere Welt prägen. Darauf müssen wir uns einstellen.

Wegwerf-Gesellschaft

Ich bin in einer Zeit aufgewachsen, in der es reichlich von allem gab, wenn auch noch nicht so vielfältig wie heute. Unsere Kühlschränke und Speisekammern waren immer voll mit hübschen Lebensmitteln, die eigentlich niemand brauchte und die man wegwarf, sobald das Mindesthaltbarkeitsdatum erreicht war. Es war das sichtbarste Zeichen von Wohlstand, dem Wohlstand der sechziger und siebziger Jahre. Es wurde immer gut und reichlich gegessen und getrunken. Wir hatten ein Köchin, die die schwere Küche des deutschen Nordens liebte und praktizierte, selbst der wenige Salat schwamm in einer fetten Tunke, und was übrig blieb, bekamen die Hunde. Eine fette, satte Zeit war das. Erst mit den Jahren kam ich zur Besinnung. Während der Studienzeit übte ich mich einmal im Vegetarismus, der damals in den achtziger Jahren aufkam. Und als 1982 mein erstes Kind auf der Welt war, veränderte sich alles schlagartig hin zu Bio. Bloß den Kindern kein Gift einflößen, war das Credo.

Bei Herta sah ich, wie die vakuumierten Salami- und Brühwurstpäckchen, die fast abgelaufen waren, tonnenweise vom Handel zurückgeschickt wurden und in riesigen Containern auf den Abtransport in die Verbrennungsanlagen warteten. Und das Woche für Woche. Ich glaube, dass mir das einen frühen Schock versetzt hat. Von da an wollte ich mit der Lebensmittelindustrie nichts mehr zu tun haben.

Heute wird endlich ans Tageslicht gebracht, dass wir 40 Prozent der Lebensmittel wegwerfen, sei es in der Landwirtschaft (zu kleine Karotten und Kartoffeln), in der Industrie, in der Gastronomie (Küchenreste müssen wegen Keimgefahr verworfen werden) oder im Handel (abgelaufene Ware), und natürlich im privaten Haushalt: Man riecht ja nicht mal mehr am Produkt, sondern wirft es schon weg, wenn das Mindesthaltbarkeitsdatum erreicht ist. Eine überkommene Sitte aus den fetten Jahren.

Immer wieder werde ich gefragt, wie es denn funktionieren soll, sich bei beschränktem Einkommen biologisch zu ernähren. Ich will niemandem zu nahe treten und auch nicht als Heuchler auftreten, zumal ich mir die Bio-Lebensmittel leisten kann, aber mir fällt dazu nur ein: weniger Fleisch, weniger Convenience, selber machen, selber kochen, weniger wegwerfen.

Die Kuh wurde zum Klimakiller gemacht

Die Kuh ist kein Klimakiller, das hat die Veterinärmedizinerin und Tierexpertin Anita Idel in ihrem gleichnamigen Buch erklärt. Gott sei Dank. Wir alle waren nämlich erst mal empört, dass uns die 1,4 Milliarden Kühe, die wir schätzungsweise auf diesem Planeten halten, um ihre Milch zu trinken und sie uns später einzuverleiben, durch ihr Rülpsen und rückwärtiges Methanablassen das Klima versauen. Ein Drittel der Welternte ist Tierfutter, Grünland nicht eingerechnet. Wir füttern die Kühe massenhaft mit eiweißreichem Soja, Getreide und Mais, völlig gegen ihre Natur. Die Kuh ist ein Wiederkäuer, wie wir schon in der Schule gelernt haben, ihr genialer vierteiliger Magen ist in der Lage, aus Gras und Stroh Eiweiß, Fett und sämtliche weiteren essenziellen Nährstoffe zu extrahieren. Eine Kuh, die ihrer natürlichen Nahrungsgewohnheit nachgehen darf und nicht mit Kraftfutter schnellgemästet oder zu Milch-Höchstleistungen getrimmt wird, produziert um ein Vielfaches weniger Methan. Die Kuh ist ein Tier der Steppe, der „Grenzböden", sie ist von Natur aus genügsam, aus Heu, Stroh und Gras macht sie Milch und Fleisch. Die Kuh ist eigentlich ein Klimaschützer, denn ohne die Kuh gäbe es kein Grünland und keine Tundra. Der akademische Glaube, so formuliert es Anita Idel, hat sie zum Klimakiller gemacht. Die Produktion von Soja selbst setzt ungeheure Mengen an CO_2 frei, ganz abgesehen vom Transport um den Erdball.

Das Schwein wurde zur Sau gemacht

Das Schwein ist im Gegensatz zur Kuh in seiner wilden Form, aber auch als Haustier, ein standorttreues Tier. Ein Rottentier. Es braucht eiweißreiche Nahrung, da es keinen Pansen, Lab- und Blättermagen wie das Rind, die Ziege und das Schaf hat. Als Rottentier ist es selbstverständlich reinlich, denn es verrichtet seine Notdurft immer am selben Platz, der nur dafür vorgesehen ist. Es lebt gerne im Familienverband und geht gerne mit seinen Artgenossen auf Tuchfühlung oder, besser gesagt, Borstenfühlung.

Nur sieht das Leben der Schweine heute anders aus. Es kommt aus Platzmangel ständig mit seinen Exkrementen in Berührung, wenn es mit der Schnauze über den Boden fährt oder in seinen Futtertrog macht. Es ist ständig unter „Keimdruck". Ich sage immer, dass Fleisch von traurigen und kranken Tieren nicht fröhlich und gesund machen kann. Und die Fleischqualität? Sie entwickelt sich zu „unsaubererem" Fleisch, das ich maximal eine Woche im Kühlhaus lagern kann, bevor es zu müffeln anfängt. Fleisch von Tieren aus Freilandhaltung, in der sich die Tiere eine Ecke, weit entfernt, als Toilette aussuchen können, kann man vier Wochen und länger abhängen.

Platz zum Leben für die Tiere

Immer mehr Tiere werden in immer engere Ställe gepfercht. So liegt die minimale Stallfläche bei konventionell „erzeugten" Legehennen bei 12,5 Tieren pro Quadratmeter, bei Bio sind es maximal sechs Tiere pro Quadratmeter und maximal 21 Kilogramm gesamtes Lebendgewicht aller auf diesem Quadratmeter lebenden Tiere. Im konventionellen Bereich wird kaum auf die naturbedingten Vorlieben der Tiere geachtet. Schweine werden aus ihren Familienverbänden gerissen, wenn sie nicht so schnell wachsen wie ihre Geschwister, und sie liegen wie die Rinder auf Spaltenböden, unter denen dauerhaft die eigenen Exkremente schwimmen. Die Keimbelastung ist vorprogrammiert und wird oft durch Antibiotikazusätze im Futter bekämpft, obwohl laut Tierschutzgesetz bei allen Tiergattungen eigentlich nur Einzelbehandlung erlaubt ist. Mit fadenscheinigen Argumenten setzt man sich über dieses Gesetz hinweg – und verweist auf alle anderen, die das Gleiche tun.

Bei Bio-Geflügel ist ein zusätzlicher Wintergarten vorgeschrieben: 0,25 Quadratmeter pro Tier; auch ein genügend großer Grünauslauf:

mindestens 4 Quadratmeter pro Tier. Scharrraum, Sitzstangenlänge pro Tier, Familien- oder Einzelnester sind sowohl bei konventionellen Legehennen als auch bei Bio vorgeschrieben, bei Bio sind sie aber doppelt so hoch. Die Besatzdichte ist nur bei Bio gesetzlich geregelt: Maximal 3000 Tiere pro Stall sind erlaubt, bei konventioneller Haltung gibt es keine Grenze nach oben.

Ähnlich sieht es bei den Schweinen aus, die in konventionellen Zucht- und Mastbetrieben leben. Der größte Schweinehalter in Europa hält 50.000 Muttersauen allein in Deutschland, 15.000 weitere in Ungarn und Holland. Er produziert allein in Deutschland 15 Millionen Ferkel im Jahr. Die folgenden Zahlen illustrieren den Strukturwandel in der „Schweineerzeugung" in den letzten 20 Jahren: Waren es 1993 noch 264.000 Betriebe in Deutschland, die Schweine hielten, sind es heute nur noch 28.000. Gleichzeitig ist die Anzahl der Schweine im Betrieb um 900 Prozent gestiegen. Von 101 auf 985 Stück, jene Bauern mitgerechnet, die nur ein paar Schweine halten. In meiner alten Heimat Nordrhein-Westfalen, allein in den Landkreisen Cloppenburg und Vechta, leben fast 10 Millionen Schweine, zehnmal mehr als Menschen. Die deutschen Schweineexporte sind von 167 Millionen Dollar im Jahre 1993 auf fast 1,6 Milliarden Dollar im Jahre 2011 gestiegen! Das System, das dahintersteht, schädigt massiv den Menschen, das Tier und die Umwelt. Denn die Anlagen produzieren nur Probleme: Wohin mit der vielen Gülle, die das Grundwasser schädigt? Wie rechtfertigt man den massenhaften Import von Futtermitteln, deren Produzenten die Regenwälder Südamerikas auf dem Gewissen haben? Und wie kann man die mit der Massentierhaltung einhergehende und unvermeidliche Tierquälerei rechtfertigen? Der prophylaktische und ebenfalls unvermeidliche Einsatz von Antibiotika in den Ställen schädigt abermals das Grundwasser und provoziert Resistenzen, also Keime, die dann um sich greifen.

Tiere essen

Jonathan Safran Foer sagt in seinem Buch „Tiere essen", wir fräßen gemeinsam mit den Tieren die Erde kahl. 40 Milliarden Nutztiere ziehen wir hinter uns her, um sie uns eines Tages einzuverleiben. Und die Schere geht auseinander, weil der Fleischkonsum in Indien, China und auch Südamerika durch den gestiegenen Wohlstand so stark steigt. Seit 1950 hat sich in Deutschland der Fleischkonsum verdreifacht – aber er stagniert momentan: Immer mehr Menschen verstehen, dass sie weniger Fleisch essen müssen, um die Welt nicht zum Kollaps zu führen, und immer mehr Menschen sind mit den Praktiken der Agro-Lebensmittel-Industrie unzufrieden. Flexitarier und Vegetarierinnen nehmen zu. Fast die Hälfte der jungen Mädchen verzichtet heute auf Fleisch, bei den Jungen sind es nur 20 Prozent, aber immerhin mehr als bei den älteren Bevölkerungsgruppen.

Aus dem Buch von Jonathan Safran Foer ist mir eine Geschichte in Erinnerung geblieben, in der es um die Käfighaltung bei Geflügel ging: Stell dir vor, du stehst mit zehn Menschen dicht an dicht in einem Aufzug und es wird dir gesagt, dass du nun dein ganzes Leben lang hier drinbleiben musst, nicht mehr rauskommst, kein Tageslicht mehr siehst, dich nicht mehr anständig zur Ruhe legen kannst, und dass du erst bei deinem Tod wieder herausdarfst – wie geht es dir da? Wir wissen noch nicht genau, wie Tiere empfinden, aber wir ahnen es.

Die Bio-Revolution steht bevor

Eigentlich müsste man angesichts der Lage und des Zustands der Erde verzweifeln, aber es gibt immer Entwicklung. Und es kann sich zum Guten entwickeln, auch wenn man Zeit und eine Menge Geduld braucht. Jede noch so kleine Initiative, und sei es das eigene private Engagement, ist wichtig für die Gesamtentwicklung unseres Planeten.

Es gäbe noch viel zu berichten über all die positiven Bewegungen, die sich in letzter Zeit ausbreiten, wie etwa die Erstarkung der Regionen durch aktive Regionalbewegungen in manchen Teilen Europas, die Bemühungen von Slow Food, die sich zu einer guten politischen Kraft für Regionalität und Lebensmittelhandwerk entwickeln, die ungebrochene Entwicklung der Bio-Landwirtschaft, die Verbreitung von CSA, der Community-Supported Agriculture (Solidarische Landwirtschaft), bei der Verbraucher und Verbraucherinnen zu Erzeugern und Erzeugerinnen werden, die Wiederentdeckung der Rechtsform der Genossenschaft, und die Tatsache, dass viele junge Leute heute wie selbstverständlich über Nachhaltigkeit reden.

Natürlich muss die Bio-Bewegung auch noch einige Hausaufgaben machen, wie zum Beispiel die Entwicklung von Zweinutzungsrassen bei Geflügel, um Massentötungen von Küken zu verhindern, die ja auch und immer noch im Bio-Bereich betrieben wird: Die männlichen Küken in der Hybrid-Legehennen-Erzeugung werden getötet, da sie nicht genug

Fleisch ansetzen, die weiblichen Küken in der Hybrid-Fleischgockel-Erzeugung ebenfalls, da sie nicht genügend Eier legen. Auch im Pflanzenbau muss der Bio-Landbau auf den Erhalt alter Sorten setzen, anstatt die modernen Sorten bedingungslos zu akzeptieren. Es braucht klarere Regeln und Fristen für den Umbau von Bio-Milchviehställen von der Anbindehaltung auf Laufhaltung. Und für die Schlachtung von Bio-Tieren gibt es bislang keine akzeptablen Regelungen, um diese an konventionellen Schlachthöfen tiergerechter zu gestalten (Transport der Tiere verbessern und begrenzen, Ruhe in den Warteboxen und schonende Betäubung gewährleisten, um nur die wichtigsten Punkte zu nennen).

Warum Bio besser ist

An dieser Stelle möchte ich zusammenfassen, warum Bio besser ist, und zwar in jeder Hinsicht: Der Bio-Landbau kümmert sich um Biodiversität, einerseits durch ausgeklügelte mehrjährige Fruchtfolgen, andererseits durch das Belassen von Ackerrandstreifen, das Pflanzen von Hecken und die Förderung des Bodenlebens durch sanftere Bodenbearbeitungssysteme. Untersuchungen haben gezeigt, dass die Belastung mit Pestizidrückständen in Bio-Obst und Bio-Gemüse wesentlich niedriger, der Anteil an Spurenelementen und Vitaminen höher ist als bei konventionellem Obst und Gemüse, wenn auch etwas weniger signifikant. Gentechnikfreiheit ist in jeder erdenklichen Hinsicht garantiert, sowohl bei der Auswahl des Saatgutes für alles Obst und Gemüse, alle Marktfrüchte sowie alle Futterpflanzen und Gründüngungspflanzen, als auch im gesamten Verarbeitungsprozess. Weil Bio-Kühe mehr Gras und Heu zum Fressen bekommen und weniger Silage und Kraftfutter, haben Bio-Milch und Bio-Fleisch einen signifikant höheren Anteil an essenziellen Fettsäuren, etwa Omega-3-Fettsäuren, als konventionelle Milch und konventionelles Fleisch. Und die Bio-Tiere haben ein besseres Leben als die konventionell gehaltenen, weil sie mehr Platz und frische Luft haben und deshalb gesünder sind. Der Energieverbrauch pro Hektar ist geringer als bei konventionellen Bauern, wenn man den Energieverbrauch für die Herstellung, den Transport und das Ausbringen synthetischen Düngers und chemisch-synthetischer Pestizide einrechnet. Dadurch produzieren Bio-Betriebe weniger CO_2. Bio verbessert die Fruchtbarkeit der Äcker und Wiesen und so auch die CO_2-Speicherfähigkeit des Bodens, von dem wir alle leben, und schützt das Grundwasser und die Luft. Bio-Bauern werden streng auf die Einhaltung der Bio-Richtlinien[6] hin kontrolliert, und das mindestens einmal pro Jahr – gelegentlich ohne Voranmeldung. Nicht zuletzt ist die Arbeit der Bio-Bauern und -Bäuerinnen in der Regel vielseitiger und besser bezahlt. Und: Bio-Lebensmittel schmecken meist besser. Das Wissen über die richtigen Rezepte ist längst in der Welt, und es wird sich erhalten, da kommt niemand dran vorbei. Es wird zum Umschwung kommen, wenn die kritische Masse erreicht sein wird. Wann das sein wird, weiß ich nicht, aber ich bin sicher, dass die Revolution in den Herzen der Menschen schon voll am Brodeln ist.

Ständig wachsen zu wollen, hat keinen Sinn. Weder beim einzelnen Bauern noch in der Welt. Aber leider sitzt dieses Virus noch in vielen Köpfen. Genauso gut können Menschen heute von ihren kleineren Höfen leben, und zwar ohne riesige Schulden. Der Wohlstand wird uns keinen grüneren Planeten bringen. Auch die Politik kapiert das nicht: 85 Prozent der Subventionen gehen an 17 Prozent der Bauern, nämlich an die großen. Und das sind die Monokulturbetriebe. Man fördert also nicht nur die falsche Landwirtschaft – Industrieagrariertum und Monokultur –, sondern auch ungleichen Landbesitz. Und damit verschlimmert man wiederum die Arbeitslosigkeit auf dem Land.

Viele junge Leute haben Schwierigkeiten, die Höfe ihrer Eltern zu übernehmen. Sei es, weil die Schuldenlast so hoch ist, sei es, weil sie sich nicht ausmalen können, wie es weitergeht. Die große Frage ist doch: Werden wir Souveränität über unsere Ernährung erlangen?

Alle großen Dinge haben einmal klein begonnen. Es bleibt an uns, dafür zu sorgen, dass die von mir besuchten und porträtierten Bio-Pioniere und Bio-Pionierinnen die „kleinen Dinge" sind, die einmal ganz groß werden.

---

6 Die gesetzlichen Grundlagen für die biologische Landwirtschaft sind EU-weit in der EU-Bio-Verordnung Nr. 834/2007 und in den EU-Bio-Durchführungs-Verordnungen Nr. 889/2008 und Nr. 1235/2008 festgehalten (siehe http://ec.europa.eu/agriculture/organic/eu-policy/legislation_de). Nationale Bio-Verbände können ihren Mitgliedern strengere Richtlinien vorschreiben, die bei den jeweiligen Organisationen einsehbar sind.

Roswitha Huber
Schule am Berg, Rauris,
Hohe Tauern, Österreich
www.schule-am-berg.at

Die Eigenbrötlerin

Die Bäuerin und Bäckerin Roswitha Huber hält nichts von grauer Theorie: In ihrer Schule am Berg legen Kinder wie Erwachsene Hand an. Sie alle lernen hier auf 1200 Meter Seehöhe von der hartnäckigen Netzwerkerin, wie man echtes Sauerteig-Brot bäckt – und mehr.

Die Reise in die Hohen Tauern erwarteten wir mit Freude und Spannung. Meine erste Reise auf der Suche nach den schönsten und tiefgründigsten Bio-Projekten in Europa! An einem klaren, kalten Dezembertag brachte uns mein alter Chevrolet Blazer immer weiter hoch in die Zentralalpen, in die Einsamkeit und zu jenem Ort, an dem sich seit vielen Jahren eine bemerkenswerte Frau für den Erhalt des bäuerlichen Handwerks und gegen den Verlust der Verbindung der Menschen mit der Natur einsetzt: Roswitha Huber.

Wir sollten Rucksack, warme Wandersachen und feste Bergschuhe mitnehmen, hatte Roswitha ein paar Tage vorher empfohlen, denn man wisse nicht, ob man wegen des vielen Schnees trotz Geländewagen bis hinauf zu ihrer „Schule am Berg" auf 1200 Meter Seehöhe fahren könne. Im Nationalpark Hohe Tauern ist in diesem Jahr früh viel Schnee gefallen, die Berge reichen bis über 3000 Meter hinauf. Es verspricht, ein ganz besonderes Erlebnis zu werden. Also waren meine Assistentin Veneta und ich gerüstet.

Man muss schon hoch hinaus, um heutzutage noch zu ursprünglichen Plätzen zu kommen. Der Weg durch den tiefen Schnee war beschwerlich, und wir fühlten beim Gehen, dass sich die Menschen früher auch nur so fortbewegen konnten. Ein atemberaubender Blick in eine ungestörte Landschaft begleitete uns. Der Mensch lebt heute so weit von der Natur entfernt und hat kaum die Möglichkeit, den Städten zu entfliehen. Er ist den Jahreszeiten entfremdet, kennt die natürlichen Prozesse nicht mehr und ist derart entwurzelt, dass er immer öfter depressiv und einsam wird.

Brot-Netzwerkerin

Roswitha hatte ich auf ihrem Brotfest in Rauris an einem sonnigen, warmen Spätsommerwochenende 2009 kennengelernt und ich spürte damals sofort, dass eine einzigartige Frau vor mir stand, die ein ganz wichtiges mitteleuropäisches Kulturerbe verteidigt. Über Jahre hat sie neben ihrer pädagogischen Arbeit und der Holzofenbäckerei auf ihrem Berghof, der Kalchkendlalm hoch über Rauris, Holzofenbäcker in der ganzen Welt besucht und ein Netzwerk geschaffen, über das diese vom Aussterben bedrohte Gattung von Bäckern Austausch pflegt, gegenseitige Unterstützung lebt und jedem das Gefühl vermittelt, nicht hoffnungslos allein auf der Welt zu sein. Hier in Rauris in einer alten Scheune treffen sich alle zwei bis drei Jahre Bäcker aus Frankreich, Griechenland, Österreich, Afrika und von anderswo her. Roswitha sorgt mit ihrer angeborenen Hartnäckigkeit und Ausdauer dafür, dass das Kulturgut des echten Bäckerhandwerks mit Holzofen und Roggensauerteig nicht ausstirbt, indem sie zu diesem Fest Journalisten, Kulturschaffende, Politiker, Bio-Bäuerinnen, Backofenspezialisten, Lehrer und Interessierte einlädt.

Schon bei den Vorbereitungen war mir bewusst, dass ihr Beitrag zur „Bio-Revolution" ganz wichtig sein würde: die alpenländische Brotbackkunst, aber auch Roswithas pädagogischer Lebensauftrag, Kinder praktisch an dieses Handwerk, das bäuerliche Leben und alles, was darum herum zu wissen ist, heranzuführen. Wo kommen wir her? Wo wollen wir hin? Das ist wichtig, und die Eltern wissen es zumeist nicht mehr.

Bäckerei und Schule am Berg

Es empfing uns eine strahlende Roswitha, die dabei war, die Katzen zu bändigen und deren Reste zu entsorgen, den Schnee ums Haus herum wegzuschaufeln und Holz aus dem Schuppen zu holen, um das Feuer im Brotbackofen zu entfachen. Eingepackt in Wolle bis zum Kragen, eine weiße Bäckerschürze umgebunden. „Viele Brote wollen wir heute backen, es gibt viele Bestellungen im Tal!" Im Winter sind

Der große Saal auf der Kalchkendlalm, der als Workshop-, Vortrags- und Speisesaal sowie Notunterkunft dient.

keine Kinder da, das heißt, das pädagogische Programm fällt aus. Obwohl diese Erfahrung für die Kinder auch sehr gut wäre. Sie weiß: Die Sinne der Kinder werden hier mehr geschärft als durch Computerspiele zu Hause im Tal. Die Sonne verschwand schon um drei Uhr nachmittags hinter den schneebedeckten mächtigen Felswänden, die den Weg hinauf Richtung Süden flankieren, und es wurde schnell bitterkalt.

Roswitha stammt aus Oberösterreich und kam als Volksschullehrerin ins Rauriser Tal. Dort heiratete sie den Bauern Andreas Huber vom Pirchnerhof im Seidlwinkltal. Ihre Schwiegermutter Theresia betrieb auf dem Pirchnerhof, dem „Haupthof" der Familie Huber, eine Pension für die Sommerfrischler, so wie sich viele Bäuerinnen im Tal mit dem Tourismus befassten, dabei ihre selbstgemachten Produkte vermarkten konnten und für die Gäste kochten. Die heutige „Schule am Berg" war bis 1956 ein ganzjährig bewohnter Bauernhof. Seither wird der Hof als Alm bewirtschaftet, das Milchvieh ist nur im Sommer oben. Mehr als 50 Jahre war das Haus nicht bewohnt, bis Roswitha mit ihrem Mann Haus und Stall herrichtete, um dort ihre Bäckerei und die „Schule am Berg" aufzumachen. 1956 hatte Roswithas Schwiegervater das alte Bauernhaus mit seinem klitzekleinen Stall gekauft, mit der Scheune und dem alten freistehenden Backofen. Bis dahin lebte dort eine Bauernfamilie von den wenigen Früchten der Natur, mit ein paar Milchkühen, Schafen, Hühnern und einem Schwein. Die Sommer sind kurz und voll harter Arbeit, die Winter lang und unwirtlich. So ein Leben ist nicht jedermanns Sache und die Annehmlichkeiten des Lebens in einem zentralgeheizten Haus mit dem Supermarkt nebenan wurden zur Verführung.

Brot als Vehikel

„Ich würde heute nicht das machen, was ich hier tue, wäre ich in Rauris geboren", sagt Roswitha. Die Alm neu zu beleben, das war ihr Ziel. Die Idee hinter der „Schule am Berg" war, einen eigenen Ort zu haben, um das Thema natürliche Landwirtschaft, alte Arbeitsweisen und bäuerliches Wissen pädagogisch zu verarbeiten. Das Brot ist dabei nur ein Vehikel, um ihre Themen auf praktisch erlebbare Weise an die Kinder zu bringen. Man bäckt es an einem Tag und am Abend kann es jedes Kind mit nach Hause nehmen. Das geht beim Käse nicht. Allerdings ist das Brotbacken in diesen kargen Regionen Europas auch tief in der bäuerlichen Tradition verankert. Nur der Roggen, der heute hier völlig verschwunden ist, gedieh unter diesen klimatischen Bedingungen. Bis 1956 wurde auf 1200 Meter Höhe Roggen angebaut. Erst jetzt beginnt Roswitha wieder mit dem Anbau. Die handwerkliche Aufbereitung des eigenen Getreides an Ort und Stelle ist das Ziel.

Bis in die sechziger Jahre gab es noch ein selbstverständliches Wissen über bäuerliche Zusammenhänge. Durch die einsetzende Spezialisierung ist dieses Wissen verloren gegangen. Früher ist jedes Kind noch in einen Stall gekommen, beim Großvater oder beim Onkel, und hat das Leben auf dem Land erleben können. Ein Leben ganz nah an der Natur und bei den Tieren mit seinen Härten und Freuden, mit Unwettern, warmen gleißenden Sonnentagen und zu früh einsetzendem Schneefall. Mit der Einsamkeit und Zurückgeworfenheit auf sich selbst. Heute gibt es das nicht mehr. Deswegen ist es ein Thema für die Schule geworden. Roswitha füllt jedoch eine Lücke, denn nur die prak-

Das frisch gebackene, duftende Vollkorn-Sauerteigbrot wird aus dem alten Holzofen geholt: Das volle Korn, die natürliche Säuerung und das Holzfeuer – „The Big Three", wie ich sie bezeichne – machen das Brot nicht nur sehr schmackhaft und vollwertig, sondern auch wochenlang haltbar.

tische Erfahrbarkeit von Landwirtschaft und Natur ist das, was bei den Kindern wirkt. Auch die jungen Lehrer von heute kennen die bäuerliche Landwirtschaft nicht mehr. Deshalb stellt sich oft die Frage: Lässt man das Thema an der Schule ganz fallen, oder belässt man es im Oberflächlichen?

Der Wert unverbauter Regionen

Roswitha Huber treibt ihr Thema nun schon seit 18 Jahren voran. Begleiten tut sie das Brot schon länger. Der örtliche Pfarrer erinnerte sie kürzlich daran, dass sie ihm schon vor über 20 Jahren von ihrer Idee erzählt hatte – der fand diese damals eher „fad". Vielleicht konnte er sich darunter nichts Rechtes vorstellen, denn in dieser Zeit war eine natürliche Bio-Landwirtschaft in den Köpfen der Menschen so weit weg wie nie zuvor. Es war selbstverständlich und „modern", dass man industrielle Maßstäbe an die Landwirtschaft und die Lebensmittelherstellung anlegte, und das hieß: mehr Investitionen für mehr Ertrag – Spezialisierung – Monokultur – Einsatz der Errungenschaften der Chemie und des Food-Designs – Globalisierung. Heute, 20 Jahre später, kann man erkennen, dass der Bogen überspannt wurde. Die Qualität unserer Lebensmittel leidet darunter, die Tiere leben schlechter, die Menschen leben auch nicht gesünder, und die Bauern sind vielleicht vordergründig reicher geworden, aber nicht glücklicher, denn wenn man die Schulden abzieht, bleibt nicht mehr viel. Die Landschaften sind fast unwiederbringlich zugebaut mit Straßen, Autobahnkreuzen, Shoppingarealen, riesigen Logistikzentren in unmenschlichen Gewerbegebieten. Und eine Blechflut haben wir, wie sie noch nie da war. Dabei leben heute auch nicht viel mehr Menschen in Europa als vor 40 Jahren. Der Beitrag von unbelasteten, unverbauten und unverbrauchten Regionen wird für uns Menschen immer wertvoller und unbezahlbarer, je länger das so weitergeht. Der öffentliche Naturschutz hat in meinen Augen versagt.

Brotteig mit Eigenleben

Roswitha setzt den Teig in einer großen Kunststoffwanne an. Ästheten, die sie hier oben besuchen, fordern von ihr, einen Holztrog zu benutzen, wie die Vorfahren, doch sie will nicht so viel schleppen, sagt sie. Trotz Kunststoff: Hier beginnt das Handwerk. Keine Riesenmenge auf einmal, sondern Teig für nur etwa 30 Kilolaibe pro Wanne.

Das Gefühl für den Teig, seine Temperatur und seine Konsistenz, sein Geruch! Hirn und Hand sind miteinander verbunden und im dauernden Austausch, es ist höchste Konzentration auf diese eine Sache, die sie schon tausendmal gemacht hat und die irgendwann „von allein" abläuft. Und immer wieder Glück empfindet dabei. Die Hand sagt dem Hirn, welche Korrekturen beim Teigbereiten vorgenommen werden müssen, und dieses meldet der Hand, was zu tun ist. Der Grundsauerteig, der flüssig bereitsteht, und der aus den Produktionen der letzten Tage „abgezweigt" wurde, startet den Fermentierungs- und Gärungsprozess. Bakterien bauen den Zucker ab. Dabei entstehen Säure und Sauerstoff. Der Teiglaib „geht" für eine Stunde in den formgebenden Körbchen, bevor er schnell und umgedreht in den heißen Ofen geschoben wird. In diesem Moment fällt mir die Backstube von Lionel in Paris ein, in der Rue du Cherche-Midi, unten im Keller, die ich in meiner Einleitung schon erwähnt habe. Eigentlich war es so wie hier, der Geruch, die Wärme des Ofens, nur dass eben dort der Himmel fehlte. Aber der Bäcker arbeitete ohne Messgeräte und sonstige Hilfsmittel, alles rein mit dem Gespür des Bäckers.

Eine Kunststoffwanne voll Teig nach der anderen wird von Roswithas Hand gesäuert, gesalzen und geknetet. Wir sitzen daneben, schauen staunend auf den duftenden Teig, der sich elegant und gleichförmig um die flexible Hand von Roswitha dreht, ein Augenmagnet und Feuerwerk. Es ist warm in der Stube, die sich im Winter nicht so oft in eine Backstube verwandelt wie im Sommer. Die Flammen im alten Tiroler Grundofen knistern das trockene Holz auf, draußen blendet die Sonne im unberührten weißen Schnee. So möchte man auch leben, denkt man sich, ein archaisches Leben mit allen Sinnen führen, allen Konsumballast einfach abwerfen. Ein frommer Traum? Aber es ist etwas Wunderbares, ein Lebensmittel entstehen zu sehen, besser noch unter der eigenen Hand, und wir können uns schon in die Kinder versetzen, die ab Mai nächsten Jahres hier selbst „Hand anlegen" dürfen. Roswitha hat ihre Brotbackkenntnisse in ihrem Buch „Gutes Brot" zusammengefasst, und da findet man auch die schönsten Geschichten von der Kalchkendlalm.

Pläne fürs Gemeinwohl

Während des Bereitens des Teiges erzählt Roswitha von ihren Plänen. „Am laufenden Band habe ich Ideen, aber ich bin zufrieden,

Veneta, die mich begleitete, hilft Roswitha beim Beschicken des Ofens: Das muss schnell gehen.

wenn 1 Prozent davon Wirklichkeit wird. Ich hab heute ein gutes Gefühl dafür, was machbar ist und was nicht. Dabei hab ich das Ziel mehr vor Augen als die Umsetzung: Wenn es erstrebenswert ist, kann man ja einen steilen Weg in Kauf nehmen." Eine ihrer vielen Ideen ist, einen eigenen Radiosender zu gründen, Radio Rauris. Das wäre kein Musiksender, sondern ein Sender für Information und Bildung, auch politische Bildung, die ihrer Ansicht nach in den Schulen viel zu kurz kommt. Es gibt dort keine politische Bildung, kein Kind weiß, wie politische Entscheidungen getroffen werden, nach welchen Wertvorstellungen im Parlament geurteilt wird, der Bürger hat kein Mitspracherecht und fordert es auch wider besseren Wissens zu zaghaft ein. Alles wird den Berufspolitikern überlassen. Andererseits ist es mühsam, sich Informationen zu beschaffen. Sie fragt sich, ob so ein Sender diese Lücke füllen könnte.

Die Kalchkendlalm ist seit zwölf Jahren auf Bio umgestellt. Das war kein großes Problem, weil man hier oben im Grünland ohnehin schon immer sehr nah an den natürlichen Prozessen war. Im Flachland in den Ackerbauregionen, wo seit Jahrzehnten Kunstdünger, Schädlingsbekämpfungsmittel und Fungizide verwendet werden, ist die Umstellung schwieriger. Roswitha hat das getan, um ihre Haltung auf eine einfache Weise kundtun zu können, wenn es gefragt ist. „Tief in meinem Herzen bin ich keine große Bio-Fetischistin, wenn es um Zertifikate geht. Ich vertraue den Menschen mehr als den Etiketten." Sie kennt einen Bio-Bauern in Straßwalchen, der unabhängig sein will, der keine Förderungen haben will, und der alles direkt vermarktet, der braucht die Bio-Zertifizierung nicht. „Ich verwende diesen ganzen Giftkram eh nicht", sagt er. Roswitha vertraut ihm als Menschen.

Roswithas Assistentin, wichtigste Beraterin und Kritikerin ist ihre Tochter Roswitha, genannt Withi. Ohne sie ginge das alles nicht, was Roswitha macht, die Schule, der Verein, Buchungen, Organisation und Planung, die Almwirtschaft, die Gäste bewirten, die Bäckerei, Reisen zur Horizonterweiterung und zum Networking, Bücher schreiben, Interviews ... und auch noch für die große Familie sorgen. Ihr Sohn Josef kümmert sich um die Milchkühe, Hühner und Schweine, die im Sommer oben bei Roswitha sind. Es wird gemolken und Butter gemacht. Letzten Sommer waren über 2500 Besucher auf der Alm, vor allem Kinder. „Mein Leben heute ist natürlich ganz anders als das Leben jener Bäuerin, die vor 60 Jahren hier oben gelebt hat."

„Das Schöne liegt im Einfachen. Qualität und Schönheit wohnt nur den einfachen Dingen inne, es hat nichts Kompliziertes. Das ist Ästhetik. Gute Kleidung, gutes Brot, gut Wohnen, das Einfache ist das Schöne, und da fühle ich mich am wohlsten." Ein gutes Butterbrot aus dunklem schwerem Sauerteig mit einer guten, frischen, selbstgemachten Süßrahmbutter ist für Roswitha das Allerbeste, was es auf der Welt gibt.

Auf die Frage nach der Religion und ob Gott ihr zuweilen hilft, bekommen wir eine sehr differenzierte Antwort. „Ich wurde katholisch erzogen, hab in ein katholisches Haus geheiratet, aber ich fühl mich nicht mehr wirklich zu Hause im Glauben. Gewisse Dinge sind dir in die Wiege gelegt worden, aber wir können selber viel in die Hand nehmen. Es gibt allerdings Situationen, in denen ich meine Probleme einer göttlichen Weisheit überlasse. Das ist befreiend." Und dann noch: „Ich weiß, was Probleme sind." Wir stehen bewundernd vor ihr, während sie die letzten Teiglaibe formt, in die Körbchen füllt und in die Nähe des warmen Ofens zum „Gehen" stellt. Roswitha hat stets versucht, ihren fünf Kindern den Glauben an die eigene Kraft mitzugeben, aber auch den Glauben an die Gemeinschaft. „Man muss auch mal etwas abgeben können." Zwischen diesen beiden Polen spielt sich das Leben ab. Dabei darf man nicht zu hart gegen sich selbst sein, muss auch mal Grenzen akzeptieren und sich nicht mit allem belasten. „Man tut, was man kann, und dann geht man schlafen!" Die Malerin Gabriele Münter hat das einmal so formuliert.

„Die Erfahrung, die Kinder machen sollten, muss eine andere sein als die, die sie heute machen." Roswitha hat viel aus Büchern gelernt und fand damals die Lehrer gut, die den Kindern vermittelten, dass es sinnvoll ist, etwas zu lernen, und dass man das kann. Eine Bäuerin, Frieda Fuchs, war die Erste, die ihr zeigte, wie stolz man auf seine eigenen Produkte sein kann. Nicht die Milch „abliefern", sondern selbst „an guatn Kas" machen. „Es gibt Erfolg nur in Anführungsstrichen. Ich höre nicht darauf, wenn alle einem sagen, was alles schiefgehen könnte. Das ist mir angeboren, ich war ein glückliches Kind. Ich war Gott sei Dank nicht zu sehr ,behütet'. Freiheit! Viel Zeit zum Spielen und allein sein. Ich war ein freies Kind. Ich hab sogar noch eine Freundin aus dem Dorf, in dem ich groß geworden bin. Durch meine schöne freie Jugend bekam ich mein Grundvertrauen – Hartnäckigkeit und Ausdauer sind mir sehr wahrscheinlich angeboren."

Roswitha rennt nach draußen, um den Ofen zu prüfen, denn gleich geht's los. Er muss beim „Schießen" ganz heiß sein, die Glut muss zur Seite gekehrt werden, damit möglichst viele Brote Platz haben. Jetzt muss es schnell gehen. Rasch die ersten 20 Brote in den Ofen, bevor zu viel Hitze entweichen kann! Der Backofen strahlt seine Hitze in die kalte Luft ab, Roswitha wärmt sich den Rücken an der wieder geschlossenen Ofentür. Die Kalchkendlalm liegt bereits im Schatten der Dreitausender, und in der Ferne sieht man die von einer immer oranger leuchtenden Sonne beschienenen Gipfel der Hohen Tauern.

Lust aufs Reisen

Bernard Lédéa Ouédraogo aus Burkina Faso (Westafrika) war sehr wahrscheinlich der wichtigste Lehrer für Roswitha. Sie hat ihn bereits viermal getroffen. Er hat ihr immer wieder Mut gemacht, dass man auch als einzelner Mensch eine Gesellschaft verändern kann. Indem man einen Zustand analysiert und dann ähnlich denkende Menschen um sich schart, um gemeinsam etwas zu verändern. Bernards Thema ist der Hunger: Warum hungern so viele Menschen in Afrika? Er ist Träger des Right Livelihood Awards, besser bekannt als „Alternativer Nobelpreis", gegründet von Jakob von Uexküll. Zu einem Empfang zu Ehren aller Preisträger in der Salzburger Residenz trafen sich Roswitha und Bernard wieder. Vom überbordenden Luxus ließ sich Bernard nicht beeindrucken. Bevor er zu 100 Leuten sprach, wollte er erst einmal wissen, wen er vor sich hat, so konnte jeder, der wollte, sich kurz vorstellen: Eingehen auf dein Gegenüber. „Ich habe nie zuvor einen Mann mit größerer menschlicher Präsenz kennengelernt."

„Ich würde gern noch vieles lernen, Tischlern, sich selbst einen guten Tisch bauen, das würde mich stolzer machen als ein Buch zu schreiben, richtig gut Käse machen, Singen, Harfe spielen, Tanzen. Ich würde gern nach Indien, Südamerika, Australien und Neuseeland reisen, und zu meinen Bäckerfreunden nach Südafrika, aber die Zeit ist ja knapp." Stimmt, denke ich, wie soll Roswitha das alles schaffen? Bis jetzt wurde noch nichts aus den Reiseplänen.

Leben wie früher

Roswitha hat sich ein ganz besonderes Experiment – quasi an sich selbst – ausgedacht: ein Jahr ohne Strom, Mobiltelefon, Telefon, um zu erfahren, wie das Leben hier oben „wirklich" war. Getreide anbauen, Gemüse einmachen, ein Schwein füttern und im Herbst schlachten und verarbeiten, Kühe melken und die Milch zu Käse verarbeiten. Als große Kommunikatorin empfängt sie allerdings gerne Besucher, die auch noch mitversorgt werden, und sie verfasst ein Tagebuch, in dem sie über ihre Erfahrungen hier oben schreibt, „damit die Menschen im Tal an meinem Experiment teilhaben können". Dokumentation und Bildung. Der Selbstversuch ist für Roswitha notwendig, um den Kindern noch mehr vom Leben der Vorfahren vermitteln zu können. „Diese Informationen kann man nicht einfach aus der Luft greifen."

Später, nachdem das Jahr vergangen ist, habe ich Roswitha nach ihren Erfahrungen gefragt, und das Erste, was sie sagt, ist, dass sie nicht mehr die Gleiche sei wie vorher. „Wenn du auf Licht verzichtest, nimmst du später das Licht anders wahr", sagt sie. „Jedes Mal, wenn du Licht anmachst, schaltet sich die Erfahrung dieses Jahres ein." Ohne Waschmaschine zu leben hat sie nach einem halben Jahr aufgegeben, zu mühsam war das Handwaschen. Aber, erklärt sie, man geht achtsamer mit dem Gerät um, indem man nicht alles gleich in die Wäsche wirft. „Man kann im Leben nichts gewinnen, ohne dabei etwas zu verlieren. Und man kann auch nichts verlieren, ohne etwas zu gewinnen, außer dem Verlust eines geliebten Menschen durch Tod." Und ohne Auto wird das Leben ganz besonders anders: „17 Mal musste ich mir in diesem Jahr ein Auto ausleihen, für Fahrten, die unbedingt sein mussten. Das ist nicht viel", sagt sie, und: „Stunden ohne Mobilität sind Stunden der Ruhe!" Natürlich ist man gesünder und fühlt sich kräftiger, wenn man, anstatt mit dem Auto zu fahren, den vier Kilometer langen Weg zum Bus und zurück zur Alm zu Fuß zurücklegt. „Der Rhythmus durch die täglich wiederkehrenden Arbeiten wie Ziegenmelken und Kochen und die Ruhe haben mir sehr gutgetan", sagt Roswitha. „Aber hätte ich nicht allen erzählt, was ich vorhatte, hätte ich es sehr wahrscheinlich aus Angst vor den vielen Unbequemlichkeiten nicht gemacht – dass ich unter ständiger Beobachtung stand, hat geholfen!"

Sauerteig

Der Sauerteig ist die Kunst, ohne Hefe und über Tage einen Teig herzustellen, mit dem das Brot gut „geht", lecker schmeckt und ebenfalls über Tage und sogar Wochen gut aufzubewahren ist. Es handelt sich in der Regel um einen Roggenmehlteig, das Sauerteigbrot ist also in den Alpenregionen zu Hause. Der Roggen wächst nämlich bestens in größeren Höhen, im Gegensatz zum Weizen. Der Zucker im Teig wird beim Ruhen langsam in Säure umgewandelt. Es gibt zwei Säure-Kulturen bzw. Bakterienarten, die den Sauerteig bestimmen: Milchsäure und Essigsäure. Die Essigsäure ist im Gegensatz zur Milchsäure sehr kräftig und gschmackig, während die Milchsäure eher milde Brote hervorbringt. Ist der Teig eher weich und warm, entsteht Milchsäure, ist er eher hart und ein bisschen trocken, entsteht eher Essigsäure. Das optimale Verhältnis ist für mich 10:90 zugunsten der Milchsäure. Sauerteigbrot aus Vollkornmehl ist leichter verdaulich als Hefebrot und liegt nicht so im Magen, obwohl der ganze Kornkörper samt der sieben Schalen und dem Keimling mitverarbeitet wird.

Martin „Floh" Bienerth und
Maria Meyer
Sennerei Andeer, Graubünden, Schweiz
www.sennerei-andeer.ch

Erhalten statt wachsen

Eine Liebesgeschichte aus den Schweizer Alpen: Maria und Floh haben sich auf der Alp ineinander, in die Kühe, das Dorf Andeer, die Bio-Bauern, das Handwerk des Käsens verliebt. Mittlerweile machen die beiden einen der besten Bergkäse der Welt.

Maria und ich sind unterschiedlich." So beginnt Martin „Floh" Bienerth seine Geschichte von Martin und Maria und der Sennerei in dem kleinen Ort Andeer nahe des San Bernardino im südlichsten Winkel Graubündens, der Viamala. Seit zwölf Jahren betreiben die beiden hier oben die „Sennerei Andeer" und leben in einer Symbiose mit den Bio-Bauern im Ort, ihren Kühen und der Milch – und den Kunden, die hier leben oder in den Ferien Andeer besuchen. Dabei spielt der Stolz des Handwerkers, wie bei eigentlich allen meinen Besuchen, eine sehr wichtige Rolle. Und sie können wirklich stolz sein: Aus Maria und Floh Meyers Sennerei kommt einer der besten Bergkäse der Welt.

Gestern sind wir das Rheintal hinauf bis Chur gefahren, nicht besonders schön von weitem, diese Stadt. Schneeregen, grau in grau. Es ist Januar. Ich war auf die vor mir liegenden zwei Tage in Andeer gespannt. Und dann immer weiter hinauf Richtung San Bernardino, der ins Tessin hinüberführt nach Chiasso und Lugano. Und dann: die Zentralalpen. Rundherum Dreitausender. Die Sonne verschwindet gerade dahinter, als wir gegen halb drei ankommen.

Kuh-Karriere machen

Andeer hat eine von vier Sennereien in der Region Viamala südlich von Splügen. Alle haben in den vergangenen 15 Jahren auf Bio umgestellt, das ganze Tal. Die Sennerei Andeer ist durch Floh und Maria die berühmteste Käserei in der Schweiz geworden: Maria, die begnadete Käserin, Floh, der tiefgründige Vermarktungs-Kommunikator und Käsekeller-Zauberer, zwei Seiten derselben Medaille.

Wenn ich an die Schweiz denke, kommen mir als Erstes Gerüche in den Sinn, die mir seit meiner Schulzeit dort in Erinnerung geblieben sind: der Geruch der Kühe auf der Alp Naul, auf der meine Schwester Anne viele Sommer arbeitete, die Frische und Kühle der Bergluft dort oben, Wiesen, säuerliche Molke, blumige Butter, intensiver Käsekeller. Auch der Duft von Käsefondue und Fendant in Saas Fee, wo wir als Kinder mit unseren Eltern waren, sommerlich aufgeheizt Holz. Ich denke an die frisch conchierte, warm-duftende Schokolade bei einer Schulklassen-Führung durch die Schokoladenfabrik Cailler bei Gruyère, als ich sechzehn war. Es kommt mir die steile Alpen-Landwirtschaft in den Sinn, ein Bergtraktor wie ein roter Punkt auf einer frisch gemähten Wiese, die herrlichen Panorama-Berglandschaften, an denen unten ein gelber Postbus vorüberzieht.

Martin beklagt sich nicht über die viele Arbeit. Der Tagesablauf ist an sieben Tagen der Woche und seit zwölf Jahren der gleiche: um sechs Uhr raus aus den Federn, um Viertel vor Sieben muss alles vorbereitet sein für die Morgenmilchanlieferung. Die fünf Bauern haben es nicht weit, denn ihre Kühe sind im Winter im Dorf. Die Alukannen mit der

„Floh" Bienerth liebt Kühe, besonders die mit Hörnern, denn seine „Kuh-Karriere" begann als Sommer-Senner hoch oben auf der Alp. Da gibt es sie noch, die letzten Exemplare, bei denen man die Hörner nicht einfach ausgebrannt oder abgesägt hat.

warmen Milch werden auf Handkarren gebracht und der dampfende Inhalt in das Wägebecken geleert, um die angelieferte Menge zu registrieren. Es ist noch dunkel in Andeer, und nachdem der fünfte Bauer seine Milch abgeliefert hat, dämmert es über den hohen Bergen ringsherum. Vor hundert Jahren war das sehr wahrscheinlich nicht viel anders. Dieses Handwerk hat sich dank Maria und Floh erhalten. Ein Stück schweizerisches Kulturerbe – nicht einfach den Regeln des Mehr-Schneller-Größer geopfert.

Maria, die Käse-Künstlerin

Wenn die Bauern verabschiedet sind, nach diversen Pläuschen natürlich, geht es ans Käsen. Da ist Maria die Künstlerin. Sie ist bei den Bauern dafür hochangesehen, sie sind sogar stolz auf Maria, denn sie macht aus der Milch ihrer geliebten Kühe das höchste Gut, das man sich nur vorstellen kann: den besten Bergkäse der Welt.

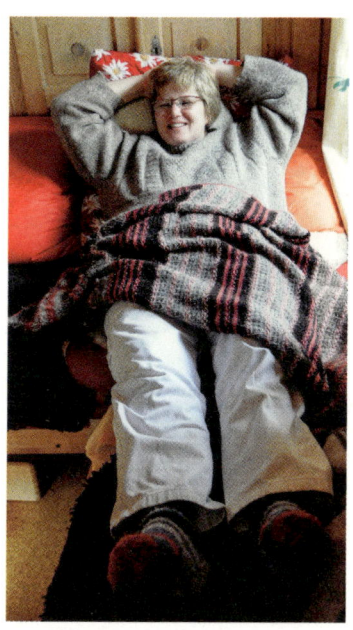

Maria Meyer macht ein Mittagspäuschen, denn sie ist wie jeden Tag schon sieben Stunden auf den Beinen.

Die Milch des Abends wird, sofern sie nicht für Trinkmilch, Joghurt, Quark/Topfen und Butter verwendet wird, zu der warmen Morgenmilch gegeben und alles gemeinsam im großen kupfernen Käsekessel erhitzt. 1200 Liter sind es heute. Daraus macht man etwa 120 Kilo Hartkäse. Hier beginnt echte „Biotechnologie", wie etwa auch beim Sauerteigbrot und der Salamireifung, denn die Käsekulturen, das Lab und die individuelle Temperaturführung ergeben am Ende das erwünschte Ergebnis. Die flüssige Käsekultur, die Maria in einem kleinen – wie ich es nenne – Tabernakel in einem Reagenzgläschen erwärmt und damit vermehrt hat, wird in den Kessel zur Milch gegeben. Die Kultur vermehrt sich exponentiell durch die Wärme der Milch und bestimmt später die Reifung des Käses in eine bestimmte Geschmacksrichtung. Die Milch wird nicht auf 72 Grad erhitzt und pasteurisiert, und schon gar nicht noch höher, sondern im ganzen Käse- und Brennprozess auf höchstens 53 Grad. Damit bleiben viel mehr Geschmacksnuancen der Milch im Käse erhalten, die Gefahr einer Fehlgärung ist allerdings höher. Deshalb muss Maria sehr sorgfältig und mit viel Gespür arbeiten. Die lange Erfahrung hilft ihr dabei.

Vom Lab, das aus dem Inneren des Kälbermagens gewonnen wird, wird nur wenig hinzugefügt. Dieses bringt die Milch zum Stocken, und mit der Harfe, die man früher per Hand führte, wird die gallertige Masse in kleine Würfelchen, den „Bruch", geschnitten. Erst jetzt kann sich die Molke mit zunehmender Hitze vom Bruch trennen. Dieser schwimmt nun weiß in der hellgelben, warmen Molke. Wenn die Konsistenz des Bruchs perfekt ist, pumpt Maria diesen samt der Molke direkt in die 24 Käseformen und „filtert" so den Bruch aus der Molke. Das ergibt 24 Fünf-Kilo-Laibe, wenn sie nach einem halben bis einem Jahr fertig gereift sind.

150 Jahre alter Käsekeller auf der Alp

Im Juli gehen fast alle Kühe hinauf auf die Alp, auf 2000 Meter. Hier wächst in einer recht kurzen Wachstumsperiode das frische Gras und wird durch den genialen vierteiligen Magen der wiederkäuenden Kühe in Milch, also vor allem Eiweiß und Fett, umgewandelt. Das können die sogenannten Monogastrier nicht, wie etwa die Schweine, die brauchen eiweißreiches Futter für ihr Wachstum. Inzwischen haben die Kuhdamen im Frühjahr ein Kalb zur Welt gebracht und die Bauern haben einen guten Teil der Milch für die jungen Kälber „geopfert". Hier oben wird natürlich auch zweimal am Tag gemolken. Dazu marschieren die Kühe zweimal täglich in den Stall und legen dabei eine große Strecke zurück. Zum Melken wird das Stromaggregat angeworfen, damit die Melkmaschine läuft. Denn 80 Kühe von Hand zu melken dauert ewig. Mit sehr viel einfacheren Mitteln als unten in Andeer wird hier oben auf der Alp gebuttert und gekäst. Durch den Kieselsteinboden des 150 Jahre alten Käsekellers fließt ein kleiner Bach und bringt angenehme Kühle und Feuchte in den Keller. Irgendwann im September, wenn das Gras nicht mehr wächst, weil es kälter geworden ist, und es nachts schon manchmal unter null Grad hat, wird abgetrieben. Bis der erste Schnee fällt, müssen die Kühe wieder daheim im Tal sein. Das gelingt nicht immer, denn manchmal fällt schon im August ein Meter Schnee.

„Entfernt man die Hörner, beraubt man die Kühe eines Teils ihres Wesens", erklärt Floh. Die Hörner sind Teil des Verdauungs- und Stoffwechselapparats. In ihnen zirkulieren die Säfte. Wiederkäuer sind in

der Lage, aus kargsten Pflanzen Eiweiß und Fett zu extrahieren. Je karger die Landschaft, desto größer die Hörner und damit ihre Notwendigkeit. Denken wir nur an die schottischen Hochlandrinder oder die Rinder in den Steppen Afrikas, Asiens oder Südamerikas: Sie haben die größten Hörner. Da leuchtet es mir ein, wie schlimm es ist, die Kühe zu verstümmeln, bloß damit sie sich in engen Ställen nicht gegenseitig verletzen.

Ich habe ein gutes Gefühl hier. Die Ruhe, die der zunächst als monoton empfundene Tagesablauf mit sich bringt, springt auf mich über, sodass ich mich in diesem Jahr gleich drei weitere Male bei den beiden einfinde. Sie haben für mich eine so große Anziehungskraft, dass fast eine Sehnsucht entsteht, auch so zu leben, einfach und wahrhaftig.

Wachsen oder Wertschätzung

Maria erklärt, wie sie die Sache sieht. Früher, so vor 50 Jahren, haben alle gesagt: „Wir müssen wachsen, damit es uns besser geht!" Und wie ist es heute? Eben nicht besser. Keiner verdient mehr was, vor allem der Bauer nicht, und der produziert nur dann eine gute Milch, wenn der Preis stimmt. Maria sagt, es geht nur umgekehrt: nicht wachsen, um die Nähe zum Verbraucher halten zu können, damit dieser versteht, was hier gemacht wird, und dann auch bereit ist, einen anständigen Preis zu bezahlen. Heute produzieren manche Groß-Sennereien Bergkäse um 10 Franken pro Kilo, und nennen den Bündner Käse, obwohl der mit billigerer Milch aus dem Unterland gemacht wird, was man übrigens auch schmeckt. Maria hält das für unlauter. „Sie brauchen 15 Franken pro Kilo, um diese Qualität machen zu können."

Floh stammt aus dem Allgäu und hat nach einigen Erfahrungen im sozialen Milieu der großen Städte in Witzenhausen, der ersten Universität in Deutschland mit einem ökologischen Lehrstuhl, Landwirtschaft studiert. Wie so viele junge Leute damals, ob mit bäuerlichem Familienhintergrund oder nicht, wurde auch er von der ökologischen Landwirtschaft infiziert. In der Stadt fühlte er sich nicht wohl, das Land war für ihn interessanter. Persönlich fühlt er sich da auch mit seinen Großeltern verbunden, die Bauern waren. Die aber immer sagten: „Viel Arbeit – nichts verdient." Martin hat sich von Anfang an für die Weiterverarbeitung der landwirtschaftlichen Produkte interessiert, speziell der Milch. So hat er schon als Student alle paar Tage für seine Kommilitonen, Freunde und Mitbewohner Joghurt, Butter, Frischkäse und Sauermilch von der Milch des Bauern gemacht, bei dem Martin als Student lebte. Das hat ihn richtig gepackt, logisch, dass er dann schon während des Studiums in der Schweiz als Älpler arbeitete. Insgesamt war er 20 Sommer auf der Alp. Dann hat er sich für eine „Kuhkarriere" entschieden und mit Maria die Andeerer Sennerei gepachtet, mitten im Ort Andeer.

Maria und Floh haben sich auf Alp Naul kennengelernt und später ineinander verliebt, auf einer anderen Alp haben sie geheiratet. Martin ist stolz auf Maria, die heute die Produktion von Käse und allen anderen Milcherzeugnissen in Andeer unter sich hat, während Floh für die Pflege der Käse in den Reifekellern und für die Vermarktung zuständig ist. Unternehmer sein, sein eigener Herr sein, das war immer das Ziel, und die beiden haben nun fast alles erreicht. Ohne Geld haben sie angefangen, Krisen gab es viele, aber immer ging es weiter, auch wenn Martin manchmal ausbrechen wollte, die Milch hat ihn immer davor zurückgehalten. Und nun hat er Fuß gefasst, hat Freunde hier und hat sich verwurzelt. Durch ihrer Hände Fleiß konnten sie das pittoreske Nachbarhaus erwerben, in dem die beiden einen zweiten großen Käsekeller mit Steinwänden bauten, und oben wohnen die Mitarbeiter. Im Sommer 2013 sind sie endlich in die schöne neue Wohnung gezogen, die sie sich im Ober- und Dachgeschoß ausgebaut haben. Derzeit verhandeln die beiden mit der Gemeinde über den Erwerb des Sennereihauses, und mit den Bauern über den Kauf der Sennerei selbst.

Meine Reisen nach Andeer

Im Sommer zieht es mich wieder nach Andeer, um die Kühe oben auf der Alp „einzufangen". Die Fahrt von Sonnenhausen nach Andeer dauert drei Stunden, ein Klacks. Die Wiedersehensfreude ist jedes Mal groß. Neuigkeiten werden ausgetauscht. Inzwischen habe ich ja europaweit viele tolle Menschen von Flohs Kaliber kennengelernt, also gibt es viel zu erzählen. Es stimmt mich manchmal ein bisschen traurig, dass ich nicht zu allen meinen Bio-Stars einen so intensiven Kontakt halten kann wie zu Maria und Floh. Ich habe die beiden nun insgesamt viermal besucht, zweimal für dieses Buch, einmal mit Freunden im Zuge einer Alpenüberquerung mit den Fahrrädern, und einmal mit dem Kuratorium der Schweisfurth-Stiftung.

Wir fahren weit hinauf im alten roten Golf. Herrliche Ausblicke begleiten uns, man kann sich gar nicht sattsehen. Die schönen Kühe mit den großen Hörnern, mit dem sauberen, gescheckten und vor lauter Gesundheit glänzenden Fell, dem freundlichen Blick, dem leicht gesenkten Rücken. Man spürt, wie gut es ihnen hier oben geht! Auf 2400 Metern wird es auch im Hochsommer schnell kalt, rasch noch ein paar Fotos mit kalten Fingern, und dann runter ins Tal in die warme Stube.

Bergkäse

Bergkäse stammt aus den Bergregionen und entwickelt seinen Geschmack in den kühlen und feuchten Bergkellern der Sennereien, durch die idealerweise das frische, saubere Wasser eines Bachs durchfließt. Bergkäse wird traditionell aus Rohmilch, also unerhitzter Milch gemacht. Beim sogenannten Brennvorgang im Kupferkessel, bei dem sich der „Bruch" von der Molke trennt, wird die Milch auf ca. 50 Grad erhitzt, damit möglichst wenig Geschmack gebende Moleküle zerstört werden. Im Gegensatz zum Emmentaler, der in trockenen, warmen Räumen reift, hat der Bergkäse die berühmte Schmiere, die durch tägliches leichtes Bürsten mit Lake zu der dunkelbraunen Naturrinde wird. Das Schmieren des Käses verhindert auch, dass durch feine Trocknungsrisse unerwünschte Bakterien ins Innere des Käses gelangen. Es ist viel anstrengende Handarbeit erforderlich, wenn man nicht einen modernen Keller mit mechanisierter Schmieranlage hat. Mit guter silagefreier Bio-Milch wird der Bergkäse zu einer Delikatesse.

Ernestine Lüdecke und Hans-Gerd Neglein
Dehesa San Francisco, Andalusien, Spanien
www.fundacionmontemediterraneo.com

Korkeichen für den Wein, Steineichen für das Schwein

Zwei Deutsche haben in Andalusien eine Stiftung gegründet und 800 Hektar Dehesa – Eichenwald – gekauft. Auf der Dehesa San Francisco züchten sie jene schwarzen Schweine, aus deren Keulen in einem befreundeten Betrieb der unvergleichlich aromatische Ibérico-Schinken gereift wird. Warum die Schweine für den Erhalt der weltberühmten Kulturlandschaft notwendig sind, haben mir Ernestine Lüdecke und Hans-Gerd Neglein unter uralten Korkeichen erzählt.

Es ist ein weiter Weg nach Andalusien, einer mir völlig unbekannten Gegend. Ernestine Lüdecke und Hans-Gerd Neglein, beides Deutsche, haben sich hier, etwa 100 Kilometer nördlich von Sevilla bei Santa Olalla, ihren Lebenstraum erfüllt. Seit 17 Jahren leben sie hier. Ich kenne sie seit einigen Jahren, denn sie waren in einer Gruppe engagierter Bio-Unternehmer gemeinsam mit Herrmannsdorfer, dem Projekt meiner Familie, aktiv. Hans-Gerd Neglein ist schon vor 20 Jahren aus dem System ausgestiegen und seinen ethischen Überzeugungen gefolgt. Als hochrangiger Siemens-Manager, der zwölf Jahre im Zentralvorstand saß, hat er die Welt gesehen, ist den wichtigsten Politikern der Welt begegnet und ist Träger des Bundesverdienstkreuzes. Und dann hat er in einem Alter, in dem andere pensionierte Großmanager „nur noch Golf spielen, Opern besuchen und sich der Dekoration ihres Wohlstandes widmen", wie Harald Klöcker in seinem Vorwort zum Buch „… und die Verantwortung trage ich!" von Hans-Gerd aus dem Jahre 2008 das beschrieb, gemeinsam mit Ernestine eine Stiftung in Andalusien gegründet, um die Dehesa vor dem Untergang zu retten.

Landschaftsschutz, Umwelterziehung und artgerechte Tierhaltung sind nur ein paar Themen, außerdem Aufforstung, Wassermanagement, Feuerprävention und der Umgang mit den Mitarbeitern, die ihn schätzen, weil er sie anständig behandelt und nicht als „lästigen Kostenfaktor" betrachtet. Hans-Gerd war Generalkommissar der Bundesrepublik für die EXPO 1992 in Sevilla, dort hat er die junge und intelligente Ernestine kennengelernt. Sie haben gemeinsam den Plan geschmiedet, hierzubleiben und sich für die Dehesa zu engagieren. Ernestine war damals Dolmetscherin für Spanisch und lebte in Sevilla. Ihre gemeinsame Stiftung Monte Mediterráneo hat vor 15 Jahren 800 Hektar Land gekauft, einen Teil der weltberühmten Dehesa, die weite Teile des Landschaftsbildes Südspaniens und Portugals prägt: Eichenwälder mit im Winter reichlichem, im Sommer schütterem Bewuchs aus Zistrosen, Ginster und anderen niederen Gewächsen. Auf meinem Weg begleiten mich schier endlose Weiten, hügeliges Land und hineingestreut kleine weiße Dörfer. Mittags wird die Sonne hier schon sehr intensiv, obwohl es erst März ist.

Es erwartet mich ein Projekt, von dessen Vielfalt und politischer Strahlkraft ich bisher keine Ahnung hatte. „Wir haben eine Vision für diese Region, deswegen machen wir das", erklärt Ernestine. In den vergangenen 15 Jahren erlitten sie auch harte Rückschläge, so brannten vor zwölf Jahren etwa 80 Hektar einfach nieder, nur durch ein Glück konnten Löschflugzeuge den Brand eindämmen.

Die Dehesa ist die Heimat der Korkeichen und des Ibérico-Bellota, des Eichelschweins. Dafür ist sie berühmt. Nicht so berühmt ist die sogenannte Transhumanz, eine jahrhundertealte und leider vom Aussterben bedrohte Tradition, bei der die Schafherden im Sommer in den Norden getrieben werden, wo die Futtergründe besser sind.

Eiche(l)n für jeden Geschmack

Mir wird bei den ausgedehnten Fahrten mit Gerd, der mir liebevoll alle Zusammenhänge schildert, klar, dass die Dehesa eine extrem wichtige Rolle für das Klima dieser Gegend spielt. Sie ist das letzte Schutzschild Europas gegenüber den Wüsten Nordafrikas. Gerd zeigt mir den Unterschied zwischen den drei Eichensorten, die hier wachsen: die Korkeiche und die Steineiche, und etwa 5 Prozent Portugiesische Eichen. Er zeigt mir Korkeichen, die über tausend Jahre alt sind und die nicht mehr geschält werden. Riesig ragen sie über uns auf.

Ich bin erstaunt, dass Korkeichen 50 Jahre brauchen, ehe man die Rinde gewinnbringend ernten kann. Minderwertiger Kork wird mit 1 Zentimeter nach 30 Jahren geerntet, nach neun Jahren wieder 2 Zentimeter, dieser Kork, genannt Bornizo, erzielt nur ein Zehntel des normalen Korkpreises. Der Preis für 5-Zentimeter-Kork hat sich trotz alternativer Weinverschlüsse gut gehalten. Es gibt eben keine technische Alternative zu diesem Naturstoff. Steineichen werden nicht geschält und ihre Eicheln sind viel süßer als die der Korkeichen, die eher bitter schmecken. Die Schweine mögen die süßen lieber. Früher wurden die Eicheln der Steineiche zu Brot verbacken. Die Portugiesische Eiche verliert ihre Blätter und braucht viel mehr Wasser. Deshalb findet man sie eher in schattigen Senken.

Hans-Gerd Neglein mit einer kapitalen Korkeichenrinde vor dem Gästehaus der Dehesa San Francisco.

Vierbeinige Waldpfleger

Die Bewirtschaftung der Dehesa ist ein nicht endender Kampf gegen die Verbuschung, die die Waldbrandgefahr extrem erhöht. In Portugal sind 20 Prozent abgebrannt und versteppt, weil man die Dehesa aufgegeben hat. Ein schier unendlicher Schaden, denn der Mutterboden ist durch die ungebremste Sonneneinstrahlung unwiederbringlich zerstört, wie weite Teile Afrikas.

Das Schaf, die Ziege und das Schwein sind die natürlichen Waldpfleger, im Verbund fressen sie alles und halten die Büsche im Zaum. Leider fressen sie auch den natürlichen Eichenaufwuchs, der mit Zaunringen geschützt werden muss. Der ist besonders schützenswert, da die Pflänzchen an den Standort adaptiert sind und viel besser gedeihen als anderswo gezüchtete Setzlinge. Auf San Francisco muss beim Kampf gegen die Verbuschung gelegentlich auch maschinell nachgeholfen werden, die Tiere schaffen das manchmal gar nicht allein.

Das zentrale Gebäude, das in einem weiten Tal mitten in ihrem Land liegt, haben Ernestine und Gerd vor 18 Jahren in einem modernen Gepräge gebaut. Es hat einen Innenhof mit beschatteten Gängen, die die

Gebäudeteile miteinander verbinden. Hier wohnen und arbeiten sie und ihre Mitarbeiter, hier befindet sich die Schule für ländliche Erwachsenenbildung. Soeben findet ein von den lokalen Behörden geförderter Kurs in Waldbewirtschaftung für Arbeitslose aus den umliegenden Dörfern statt. 30 nette und wissbegierige junge Leute lernen in Theorie und Praxis, wie die Dehesa funktioniert und wie man sie aufforstet, beweidet, pflegt und schützt. Hier gibt es Hühner, Schafe und Pferde. Ernestine liebt ihre Haustiere. Im Haus gibt es auch einige Gästezimmer, von denen ich eines die kommenden drei Nächte bewohne, bevor ich mich wieder in Richtung Sevilla aufmache.

Die traditionelle Tierhaltung ist hier ökologischer und tiergerechter als alles, was ich je gesehen habe. Auf San Francisco wird eine extensive Beweidung mit viel Platz für die Tiere praktiziert. Besonders die Schweine würden den Boden kaputtmachen, hätten sie nur einen kleinen Auslauf, und man müsste wesentlich mehr zufüttern. Das, was man hier sieht, ist meilenweit von der leider immer schlimmer werdenden gelebten Praxis entfernt. In denjenigen Regionen Europas, wo das Land knapp und die Bodenpreise hoch sind, wird eine intensivere Tierhaltung, auch Bio übrigens, betrieben. Im konventionellen Bereich gibt es sogar Ställe mit 10.000 und mehr Plätzen für Mastschweine. Da hört sich der Spaß wirklich auf. Hier auf der Dehesa San Francisco geht es nicht darum, etwas „neu" zu ökologisieren, sondern um den Erhalt einer jahrhundertealten Tradition. Dies finde ich später bei vielen Projekten, die ich besuche, wieder: retten, was noch zu retten ist; aufpassen, dass die Immer-mehr-immer-größer-Denke nicht die Lebensqualität aller zerstört.

Fleisch und Fett des Ibérico-Schweins sind eine Offenbarung

Am vorletzten Tag fahren Ernestine, Gerd und ich nach Aracena zu einer bio-zertifizierten Ibérico-Schinken-Manufaktur. Aracena liegt etwa 70 Kilometer vor der portugiesischen Grenze mitten im Distrikt Huelva, und mitten in der Dehesa-Region. Die kleine Fabrik, die sich ausschließlich auf Schinken spezialisiert hat, wird von Julio Revilla geleitet, der sein Leben und seinen Spirit im naturgereiften Schinken quasi lebt. Mit Julio und dem Inhaber der kleinen, weiß getünchten Fabrik arbeiten die beiden schon seit Jahren zusammen, woraus sich eine innige Freundschaft entwickelt hat. Hier bin ich natürlich im Paradies, ein Metzger wie ich, der schon mit der Muttermilch die Geschmäcke der feinsten europäischen Delikatessen einsaugen durfte. Wir treffen Julio mit seiner Frau und Tochter im „Restaurante Montecruz". Es gibt den berühmten „Jamón Ibérico de Bellota" und frisch gebratenes Fleisch dieser wunderbaren Tiere in einigen Variationen: hauchdünn geschnittenes rohes Bellota-Carpaccio mit altem gehobeltem Manchego in Olivenöl mit etwas Fenchelgrün, Jamón-Bellota-Scheibchen in Kräuteröl mit schwarzem Pfeffer und etwas Knoblauch, geröstete und dann leicht gedünstete frische Steinpilze, rosa gebratene fette Fleischscheibchen auf selbstgemachten Pommes frites, mild marinierte weiße Zwiebeln, dazu ein frisch gezapftes Bier. So etwas habe ich noch nie gegessen, das Fleisch ist eine Offenbarung, ein völlig anderer, weicher, nussiger Geschmack mit einem Fett, das wie Fleisch schmeckt, noch besser als unsere www-Schweine[7] zu Hause!

Nicht jedes Eichelschwein hat Eicheln gefressen

Das „Ibérico Bellota", das echte Eichelschwein, dessen Vater und Mutter Ibérico-Schweine sein müssen, gibt es nur hier, es hat eine geschützte Herkunftsbezeichnung und muss auch mit Eicheln ernährt worden sein. Geprüft wird das mithilfe von Tests auf ein bestimmtes Fettsäureprofil, das jedoch leider auch mit einer entsprechenden Fütterung ohne Eicheln erreicht werden kann. „Es gibt heute mehr Eichelmastschinken als Eicheln", erklärt Gerd enttäuscht. Beim „Ibérico" muss heute zudem nur die Mutter ein echtes Ibérico-Schwein sein. Die Väter sind zumeist „weiße" Schweine (Hausschweine), die auf reine Fleischleistung gezüchtet werden. Das „Pata Negra", das wir in Deutschland kennen, ist übrigens synonym zum „Ibérico".

Das Klima hier mit Wind, Wärme und Trockenheit ist der „Schinkenmeister". In der Fabrik werden die Schinken, die traditionell mit Schwarte, Bein und Fuß am Stück verwendet werden, ähnlich wie in Italien trocken gesalzen. Es ist Meersalz, und die Schinken werden für einige Tage roh unter großen Salzbergen in Kühllagern gelagert, ordentlich gestapelt. Hier ist die Fertigung ähnlich wie bei der Schinken-

---

7   Mein Vater und mein Bruder haben in Herrmannsdorf vor einigen Jahren mit einer neuen Art von Schweinehaltung begonnen – der Ganzjahres-Weidehaltung. Da Herrmannsdorf in seinem hofeigenen Schlachthaus auch Bio-Schweine von anderen Haltern schlachtet und in seinen Läden verkauft, hat man das Herrmannsdorfer Weideschwein „www-Schwein" getauft: www steht für Weide – Wühlen – Würmer.

fertigung in Herrmannsdorf, nur sind es vier Stufen: Nach der Trockensalzung, bei der das Salz komplett an allen Stellen im Schinken „angekommen" sein muss, werden die Schinken, an den Füßen aufgehängt, in kalten Kühlhäusern gelagert, bis sie genügend Feuchtigkeit verloren haben. Dann kommen sie in die luftigen Lagerräume bei Zimmertemperatur, um noch mehr Gewicht zu verlieren. Hier bildet sich in über einem halben Jahr langsam das spezielle Bellota-Geschmacks-Universum heraus. Die letzte Stufe, die wir zu Hause nicht kennen, ist die Schwitzphase, bei der der Schinken jede Menge Fett verliert. In den dunklen, warmen Räumen, in denen die Schinken rund um einen herum auch an der Decke hängen, klebt der Boden von heruntergetropftem Fett und es riecht herrlich reif. Hier verbringen die Schinken weitere vier Monate. Insgesamt verlieren sie über die drei letzten Stufen bis zu 60 Prozent ihres ursprünglichen Gewichts. Ein guter Bellota-

Schinken wird mindestens eineinhalb Jahre gereift, manchmal auch bis zu drei Jahre, je nach Anfangsgewicht und individueller Trocknungsdauer: Jeder Schinken ist anders.

Angefüllt mit Gerüchen, Geschmäcken und interessanten Begegnungen, fahren wir zurück zur Dehesa San Francisco, weit hinein in die Eichenwälder, vorbei an den Schweinen, Schafen und Rindern, die in Ruhe auf den vielfältigen Flächen grasen. Es ist schon eine Reise wert, sich diese Region und dieses ambitionierte Projekt anzusehen. Ernestine berichtet am Abend noch von ihren Reisen nach Madrid, wo sie mit den Politikern über Förderungen für den notwendigen Strukturwandel zur Erhaltung dieser Region verhandelt. „Es ist harte Arbeit, an die Fördermittel heranzukommen", sagt sie. Ernestine ist inzwischen ausgewiesene Expertin in der Förderlandschaft der EU und auch der regionalen staatlichen Förderungen. Sie kämpft für eine Region in einem Land, in dem sie nicht geboren wurde, und für ein Projekt, das ihrer und Gerds Stiftung gehört. Ihr Engagement wird sowohl in Madrid als auch hier in der Region sehr geschätzt.

Förderungen, die Bauern, Schafen und der Dehesa dienen

Die Wiederbelebung der Transhumanz, der Treckingroute für Schafe und ihre Schäfer, ist neben der Dehesa-Förderung jenes Projekt, für das Ernestine gerade einen großen Förderantrag laufen hat und das ihre Begeisterung schürt. Sollte die Förderung fließen, hätten nicht nur viele Bauern und Landbesitzer sowohl hier als auch im Norden, sondern auch Schäfer und einfache Landarbeiter viel davon. Über drei Jahre würde die Transportinfrastruktur, teilweise zu Fuß, teilweise mit Lastwagen, aufgebaut werden, würden Schäfer und andere involvierte Berufsgruppen ausgebildet, Marketing- und Kommunikationsprojekte zur Transhumanz initiiert und die Erfahrungen der älteren Generation an die Jüngeren weitergegeben werden können. Multiplikatoren könnten ausgebildet werden, wie gerade beim Waldwirtschafts-Seminar auf San Francisco. Außerdem würden die Bauern im Süden vier Monate lang weniger Arbeit haben, da die Schafe auf „Urlaub" im Norden sind.

Nun geht es frühmorgens zurück nach Sevilla, von wo aus mich der Flieger nach Palma di Mallorca bringt. Dort werde ich zwei Tage verbringen, um meine potenziellen mallorquinischen Bio-Stars kennenzulernen – und meinen Scout Tom Gebhardt.

Spanischer Schinken

In Spanien gibt es zwei Hauptklassen: Jamón Serrano und Jamón Ibérico. Der Serrano ist an sich nichts Besonderes, denn er wird aus den inzwischen weltumspannenden weißhäutigen Hochleistungs-Rassen produziert, bei denen es um ein gutes Fleisch-Knochen-Verhältnis und um möglichst große Schinken und möglichst lange Kotelettstränge geht. Sierra, Serra, Serrania, Serrano ist der Wortstamm dieses „Gebirge" bedeutenden spanisch-portugiesischen Wortes, wobei man nicht glauben darf, dass diese Schweine nur aus den bergigen Regionen Spaniens stammen und dort frei herumlaufen. Zwar werden die Schinken zumeist an der Luft getrocknet, wie die italienischen Parmaschinken, aber die Tiere sind ähnlich wie in Italien von überall her. Das Fleisch schmeckt gebraten nicht anders als unser konventionelles Schweinefleisch.

Die zweite hochwertigere Klasse bilden alle Produkte aus dem sogenannten Ibérico-Schwein, im Volksmund auch Pata-Negra-Schwein, also „Schwarzfußschwein", genannt, um es vom Serráno zu unterscheiden. Der Begriff „Pata Negra" ist aber im spanischen Handel nicht mehr erlaubt, da nicht alle iberischen Schweine schwarze Klauen haben (sonst aber schwarz sind). Es ist ein halbwildes, fast schwarzhäutiges Schwein, das in Südwestspanien und Südportugal heimisch ist und bereits von römischen Legionären gezüchtet wurde. Zum Ibérico-Schwein gibt es drei Untergruppen, die man gebildet hat, um die unterschiedlichen Haltungs- und Fütterungssysteme voneinander zu unterscheiden: Die unterste Kategorie ist der Jamón Ibérico de Pienso, dieser stammt von Ibérico-Schweinen, die im Stall mit üblichem Tierfutter gemästet wurden. Die mittlere Kategorie ist der Jamón Ibérico de Recebo. Hierbei müssen den Schweinen Eicheln zugefüttert werden: 30 Prozent ihrer Gewichtszunahme am Anfang ihres Lebens müssen durch eine ausschließliche Eichel- und Kräuterfütterung erreicht worden sein. Dadurch entwickeln sich bestimmte besondere Fettmuster und Eiweißstrukturen, die einen Geschmack ergeben, der jenem ähnelt, der durch reine Eichelmast entsteht. Die höchste Kategorie ist der Jamón Ibérico Bellota, der ausschließlich von freilaufenden Ibérico-Schweinen stammen darf. 40 Prozent ihres Gesamtgewichts muss durch Eicheln der Stein- und Korkeichen in der Dehesa sowie Kräuter erreicht worden sein. Dann erst entsteht ein völlig neuer, nussartiger Geschmack, der sich meiner Meinung nach vor allem bei der Zubereitung rohen Fleisches in der Pfanne entfaltet.

Beim „Bellota" („Eichel") ist die Sorgfalt des Halters bei der Fütterung für den Geschmack ausschlaggebend. Auch die restlichen 60 Prozent haben natürlich Einfluss darauf. Er wird wie der italienische Schinken mitsamt dem Eisbein und den Klauen gesalzen und getrocknet. Alle drei Kategorien müssen von Ibérico-Schweinen stammen, die mindestens 75 Prozent echtes Ibérico-Blut haben, also dieser ursprünglichen Rasse entstammen.

Mireia, Andreu sen.
und Andreu jun. Oliver
Can Majoral, Mallorca, Spanien
www.canmajoral.com

Die mallorquinischen Weinrebellen

Hervorragende Ausbildung, autochthone Rebsorten, sorgfältige Arbeit im Weingarten, Wertschätzung der Menschen, Anpassung an den Standort und eine nicht zu kleine Prise Sturheit der gesamten Familie Oliver vom Weingut Can Majoral führen zum besten Wein der Insel.

Der Flieger bringt mich von Sevilla nach Palma. Es ist zehn Uhr vormittags, als ich meinen Leihwagen abhole und mich auf den Weg nach Bunyola mache, einem sehr netten, kleinen Ort direkt an der Ostseite der Tramuntana auf dem Weg nach Sóller. Hier treffe ich Tom Gebhardt in seinem kleinen Bio-Laden. Im Obergeschoß entsteht gerade seine neue Heilpraktikerpraxis. Ihn habe ich über eine gemeinsame Bekannte in München kennengelernt. Tom kennt die Bio-Szene auf Mallorca und hat mir die interessantesten Typen und Projekte herausgefiltert, die wir nun gemeinsam besuchen.

Algaida. Mitten auf der Insel. Can Majoral ist ein größerer Weinbaubetrieb, einer der wenigen auf Mallorca. Andreu Oliver ist Maschinenbauingenieur und hat in seinen jungen Jahren Maschinen für den Landbau entwickelt. Dabei hat er festgestellt, dass im Weinbau viel Gift verwendet wird, was seine Vorväter, die schon immer auf Mallorca Wein angebaut hatten, nicht benötigt hatten. Andreu hat sich eines Tages entschlossen, seinen gelernten Beruf an den Nagel zu hängen und die alten Weinberge seines Vaters auf biologische Bewirtschaftungsform umzustellen. Das war vor 20 Jahren! Er ist ein sehr freundlicher, agiler und lustig dreinschauender Mann etwas unter sechzig, mit dem ich mich seit der ersten Sekunde unserer Begegnung gut verstehe.

Wir fahren hinauf in die Weinberge. Seine Tochter Mireia begleitet uns. Nach der ersten halben Stunde mit diesen beiden herzlichen Menschen wusste ich, dass die nicht nur das Herz am rechten Fleck, sondern auch eine Menge Ahnung vom Bio-Weinbau haben und ganz besondere Tricks und Methoden einsetzen, die allesamt aus der Erfahrung mit den insularen Begebenheiten entstanden sind. Ich wusste, dass dies nicht der letzte Besuch war. Im Frühsommer würde ich wiederkommen.

Der Ausblick von hier oben, dem kleinen und einzigen Berglein in Zentral-Mallorca, Richtung Westen ist immens: Links und rechts der sich am Horizont erhebenden Tramuntana sieht man das Meer, links in der Ferne noch die weiße Silhouette von Palma. „Das ist mein Lieblingsplatz", sagt Mireia.

Die Reben sind südgerichtet, damit der Weißwein am Mittag nicht so viel Sonne bekommt, er würde in dieser Klimazone sonst zu viel Säure verlieren. Die Säure ist wichtig, um die Geschmacksstoffe und die Süße in der Traube zu erhalten.

Die Olivers arbeiten mit den Mondphasen und dem Aussaatkalender der Maria Thun, vor allem beim Schneiden, Säen und Ernten. Auf meine Frage, ob Sie mit biodynamischen Praktiken vertraut sind, antwortet Andreu: „Wir haben keine Notwendigkeit für die Präparatearbeit des Rudolf Steiner gesehen, weil wir andere klimatische Bedingungen vorfinden. Ein mit Präparaten gefülltes Horn entwickelt hier nicht seine Kraft, weil der Boden zu trocken ist. Biodynamik ist bei den Winzern sehr in Mode gekommen, weil man ein Verkaufsargument suchte. Es reicht aber, wenn man die Kreisläufe der Natur berücksichtigt. Die Pflanze hat genug eigene Kraft, sich alles aus dem Boden zu holen, was sie benötigt. Sie braucht die Mikroorganismen des Bodens, um die Pflanzenessenzen zu bilden. Wir wissen, dass der Mond auf das Wasser wirkt, also wirkt er auch auf die Säfte der Pflanze und den Boden."

Rosenstrauch als Indikator

An jedem Reihenanfang steht ein Rosenstrauch, der als Frühindikator von Krankheiten dient: Da die Rosen zuerst befallen werden und erst dann die Reben, kann man gezielt und präventiv eine geringe Menge an Kupfer spritzen. Auch später im Weinfass wird Schwefeldioxid zur Stabilisierung von Hefen und Bakterien im Bio-Weinbau zugelassen. Der gesamte Schwefelgehalt im Bio-Wein darf 0,1 Gramm pro

Andreu Oliver wählt eine Rose als Geschenk für eine beson-dere Dame aus. Die empfind-lichen Rosen an den Enden der Rebstockreihen werden immer zuerst von unliebsamen Insek-ten, Pilzen oder Schimmeln befallen und zeigen damit rechtzeitig an, dass z. B. Brennnesselsud ausgebracht werden muss.

Liter nicht übersteigen. Die Traube selbst hat bereits einen natürlichen Schwefelgehalt, der sie schützt. Wir gehen durch die Reihen. Die Triebe beginnen gerade eben, sich aus dem Rebstock herauszuentwickeln, ganz zart und hellgrün. Ein Wunder der Natur, wie der wie tot wirkende knorrige Rebstock jedes Jahr aufs Neue Triebe entwickelt! Genau ge-nommen bin ich viel zu früh hier.

Finca heißt eigentlich „Gemüseacker". Außer Wein wachsen hier auch Mandelbäume. Der Mist von Schafen lässt Sie gedeihen. Bio-Man-deln lassen sich gut vermarkten. Zwischen den Weinreben wachsen Ackerbohnen, Roggen und Berza, eine alte mallorquinische Legumi-nose. Der Roggen bringt Kalium (Potassium) und die gelbblühende Pflanze Ravanisa, eine Radieschenart, Phosphor in den Boden.

Heute gibt es acht Bio-Winzer auf Mallorca, acht weitere machen ein wenig Bio, schreiben es aber nicht auf die Flasche, weil sie nicht zer-tifiziert sind. Einer der zertifizierten Bio-Weinbaubetriebe ist die Finca „Es Verger" in der Tramuntana. Miguel Fullana senior und junior besuche ich in den nächsten Tagen.

Gar nicht menschenscheu

Es sind jährlich ungefähr 300 freiwillige Helfer, die bei vier großen Ernten im Herbst helfen! „Für die Leute ist es eine gute Gele-genheit, einmal einen Tag auf dem Land zu verbringen." Es gibt gutes Essen, guten Wein und viel Spaß an diesen Tagen. Den Abschluss bildet ein Weinfest im Weinkeller und auf dem Hof der Olivers, mit Live-Musik, Tanz, Essen und guten Gesprächen. Jeder darf kommen. Die mallorquinischen Künstler, die in den vielen Jahren die Etiketten der Can-Majoral-Weine gestaltet haben, gestalten auch das Fest. Es kommen jährlich an die tausend Menschen zu diesem Ereignis!

Bei meinem zweiten Besuch genau einen Monat später empfangen mich die jungen Olivers mit großer Freude. Auch ich habe mich sehr auf sie gefreut – es ist wie nach Hause kommen. Es ist schon alles so vertraut, obwohl es bei meinem ersten Besuch im März nur einige Stunden waren. Andreu senior ist unterwegs und erst am Nachmittag zurück. So habe ich Zeit, mit Mireia und Andreu junior, dem Neffen von Andreu senior, zu reden. Ich komme gleich zu meinen Fragen: „Was ist das Besondere an eurer Arbeit?" Mireia schätzt nicht nur die Arbeit hier, sondern auch die zahlreichen Menschen, die kommen, um Wein zu kaufen. Die Bio-Bauern auf Mallorca helfen sich gegenseitig, auch die Künstler, die die Etiketten machen, gehören dazu, und die vielen Menschen, die auf das jährliche Weinfest kommen. „Sie alle gehören zu meiner Welt." Die Olivers beteiligten sich in den neunziger Jahren auch an einer Kooperative, die einen Bio-Supermarkt auf Palma betrieb, die aber wegen unterschiedlicher Meinungen nicht erfolgreich war und aufgegeben wurde.

Wir wollen die Besten sein

Mireia erzählt mir, dass sie nicht mehr wachsen wollen. Das erinnert mich an Maria und Floh in Andeer und Roswitha in Rauris, die wollen aus ganz bestimmten und sehr einleuchtenden Gründen auch nicht wachsen! „Erhalten statt wachsen", wie Floh es auf den Punkt bringt. Hier auf Can Majoral denkt man ähnlich. „Die Qualität lässt sich bei Wachstum irgendwann nicht mehr halten, weil man abhängig wird, in vielerlei Hinsicht. Unsere jährliche Weinmenge beläuft sich auf 80.000 Liter und so wird es bleiben", so Mireia. Sie wollen die Besten sein, obwohl die Konkurrenz wächst: Alle wollen Bio-Wein machen. Neuseeland liegt schon bei 60 Prozent Bio-Wein, und der Druck auf den europäischen Weinmarkt steigt durch Billigimporte, auch bei Bio. Da muss man sich einen guten Ruf erarbeiten. Mireias tiefgründige Augen funkeln, die zarte Frau ist wild entschlossen!

Andreu junior und Mireia haben in Tarragona südwestlich von Barcelona Önologie studiert, neben Penedès die Heimat des Tempranillo. Beide sind auf Can Majoral voll im Einsatz und werden eines Tages gemeinsam das Weingut übernehmen. Andreu hatte Chemie studiert und einen Bürojob ausgeübt. Irgendwann hat er sich für das entschieden, was ihm mehr Freude machte: der Weinbau. Er ist ein netter bärtiger und kräftiger Mann mit einem tollen Lachen. Ich werde es nicht vergessen, wie er bei meinem ersten Besuch von seinem Gabelstapler hüpfte und lachend auf mich zulief, um mich zu begrüßen. Andreus Motivation war immer die Freude, es besser zu machen, und nicht, mehr Geld zu verdienen. Er hat nach seinem Önologiestudium zunächst in Penedès gearbeitet, bevor er 2001 nach Can Majoral kam. Als Chemiker hatte er im Jahre 2000 große Plagen in den Weinbergen erlebt, und diejenigen, die auf Prävention setzten, hatten Riesenvorteile. Die Industrie hat den Winzern damals supergiftige Präparate aufgeschwatzt. Insektizide gegen die Eier, die Larven und die Würmer selbst. Die Superkeulen haben aber nichts genützt. Das war sein Schlüsselerlebnis.

Auf die Frage, was denn für Andreu Prävention sei, zählt er auf: viel Handarbeit im Weinberg, zum Beispiel die Triebe rechtzeitig beschneiden, um der Traube Kraft zu geben; viele Blätter wegschneiden, damit die Trauben Sonne bekommen, befallene Teile gleich entfernen; den Boden trotz Naturdünger nicht überdüngen; den Zeitpunkt zur Behandlung der Reben richtig wählen, wenn es sein muss, auch in der Nacht.

„Am Anfang hat man uns Bios immer gesagt, ein schlechtes Jahr übersteht ihr nicht. Es war genau umgekehrt. Das war die größte Animation zum Weitermachen", sagt Andreu überzeugt.

Ich frage mich, wo Mireia ihre Motivation hernimmt, und sie sagt, es mache schon allein so viel Freude, jeden Tag zu sehen, dass man ein gutes Produkt gemacht hat. Wenn sie jeden Februar von der „Biofach", der Messe für Bio-Lebensmittel, in Nürnberg heimkommt, wo auch der

Mireia und Andreu posieren vor den Eichenfässern in ihrer Bodega, in denen die besonderen Weine lagern und reifen.

Wein von Can Majoral angeboten wird, ist sie ganz euphorisiert, weil sie viele Gleichgesinnte getroffen hat. „Bio hat auf Mallorca eine immer höhere Akzeptanz und Weiterentwicklung. Die, die gestern gelacht haben, machen heute selbst Bio." Aber sie sagt auch: „Es gibt zwei Arten von Leuten. Manche haben noch gar keine Ahnung, was Bio überhaupt ist. Wenn man sieht, wie viele Menschen Tortilla fertig einkaufen, hat man nicht den Eindruck, dass sich etwas ändert, Vorgekochtes wird immer mehr gekauft."

Andreu erzählt mir, dass 1993 die beiden Systeme im Weinbau noch sehr weit auseinander gelegen hätten. Im konventionellen Bereich war Betrug an der Tagesordnung, so hat man verschiedene chemische Präparate verboten. „Wir arbeiten hier mit ‚autoctonas', das sind Sorten, die von alters her auf Mallorca existierten und deshalb an die klimatischen Bedingungen und Böden angepasst sind. Viele Sortenexperimente sind hier gelungen, obwohl alle sagten, dass es nicht gehe." Darauf ist Andreu besonders stolz.

Ich will wissen, was die beiden in ihrer Freizeit tun. In dieser wenigen Zeit spielt Mireia gerne Schlagzeug und Andreu macht einen lokalen Radiosender mit Freunden. Andreu möchte noch besser Englisch und Fujor, eine mallorquinische Flöte, spielen lernen. Mireia würde gerne nach Island reisen, denn sie hat Geografie mit Schwerpunkt Geologie studiert, bevor sie Önologie studierte. Was man da beiläufig alles erfährt!

Zeit füreinander – und fürs Genießen

Andreu senior ist wieder da! Große Willkommensgesten! Wir essen leckeren Käse, Tomaten, Feigen, die zusammengedrückt im Backofen getrocknet werden, um dann in Salzwasser mit Fenchel und Anissamen haltbar gemacht zu werden. Und die Sobrasada, die feine luftgetrocknete Rohwurst aus Schweinefleisch, Salz und Gewürzen, die wie Teewurst aussieht und schmeckt, in einem Naturdarm steckend. Das ist die mallorquinische Spezialität! Alles schmeckt wunderbar.

Die Familiengeschichten der Olivers begeistern mich und ich will noch mehr wissen: Andreu seniors Großeltern hatten in der Nähe einen Weinberg und haben den Wein hier in Algaida verkauft. Sein Vater war Bauer, seine Mutter Schneiderin mit einer kleinen Werkstatt. Er hat vier Geschwister. Ihre Mutter wollte keine Bauernkinder. Sie hat dafür gesorgt, dass alle einen Beruf erlernen. Alle haben auf dem Hof in Algaida geholfen: Getreide, Mandeln, Schweine. Er hat als Maschinen-

bauingenieur in einer Behörde zur Arbeitssicherheit gearbeitet. Diese Arbeit mochte er nicht. Er hat auf sein Herz gehört und ist wieder zurück aufs Land. Diese Entscheidung hat er schon vor 32 Jahren getroffen und dann mit seinen Geschwistern beschlossen, dass er den Hof übernimmt. Der erste Wein wurde regelmäßig sauer. „In Mallorca wurde 1979 schlechter Wein gemacht. Die Weinberge, sehr klein, haben wir wie unsere Großeltern bestellt. Es wurde mit viel Schwefel, Kupfer und Kalk behandelt. Als im Jahre 1800 Mehltau auftrat, hat man die Mischung aus Kupfer und Kalk erfunden, und sie wird heute noch im Weinbau angewandt." Andreu hat durch sein Wissen als Ingenieur alles weiterentwickeln können, da er wusste, wie Chemie wirkt. Er konnte jedes Jahr die Menge an Mitteln reduzieren. „Es gab im Dorf eine kleine Zeitschrift, die die Bauern vor den Risiken der Pflanzengifte gewarnt hat. Gewisse Pflanzenschutzmittel wurden in Spanien verkauft, die in Deutschland schon lange verboten waren."

In den achtziger Jahren gab es eine Bewegung, die sich dafür einsetzte, gute Produkte auf der Insel herzustellen. Damals wurden noch alle guten Produkte importiert. Es gab eine Stiftung mit dem Ziel, wieder gute mallorquinische Produkte zu erzeugen. „Wir dachten, die Sorten, die es überall gab, sind besser als unsere mallorquinischen Sorten. Cabernet, Merlot und Chardonnay wurden angebaut. Zwischen 1980 und 1990 wurden alle alten Rebsorten ausgerissen."

Von Anfang an Bio

Ab 1989 gab es für den europäischen Bio-Anbau ökologische Richtlinien, ab 1991 im nationalen spanischen „Rat für Bio-Landwirtschaft". 1994 wurden die neuen Gesetze auf die regionale Ebene übertragen. „Can Majoral hat von Anfang an mitgemacht und wir wurden sogleich als Spinner verschrien." Can Majoral hat an den europäischen Richtlinien mitgearbeitet und Einfluss genommen, um die Herausforderungen für die Bauern in den extrem warmen Regionen Europas in den Richtlinien wiederzufinden. Es ist nämlich ein riesiger Unterschied, ob 6 Grad oder 36 Grad Celsius herrschen.

„Die Leute dachten dann, es müsse auch möglich sein, mit den autochthonen Rebsorten, also den alten, die wir zuvor alle rausgerissen hatten, guten Wein auf Mallorca zu machen. 1860, als die Reblaus kam, fand man eine Weinpflanze aus Amerika, die resistent war. Auf deren Wurzelstock haben wir dann die alten Rebsorten aufgepfropft. Das war ein mühsamer Anfang, denn jedes einzelne Experiment dauert ja immer ein Jahr, bis man ein Ergebnis hat, da es nur eine Ernte im Jahr gibt. Man kann deshalb immer nur kleine Änderungen machen, um die Wirtschaftlichkeit nicht zu gefährden. Alles, was wir verändert haben, haben wir dokumentiert." Es gibt fünf autochthone Rebsorten, die auf Mallorca anerkannt sind, von insgesamt 20 Sorten! Drei rote: Montenegro, Callet und Fogoneu, und zwei weiße: Blanca und Premsal.

Wie wird es weitergehen? 1998 hat Andreu einen Antrag an die Landesregierung auf die Zulassung von drei weiteren Sorten gestellt. Fünf Jahre dauert ein solches Verfahren, sie warteten schon zwölf Jahre! So haben sie vor zwei Jahren einfach Wein daraus gemacht, illegal, haben die Presse zu der (verbotenen) Weinverkostung eingeladen, und siehe da, innerhalb von sechs Wochen wurde die Genehmigung für wenigstens eine autochthone Sorte erteilt.

Es war eine große Freude, den mallorquinischen Weinrebellen von Algaida zuzuhören. Wir werden uns spätestens im Februar in Nürnberg wiedersehen. Nun mache ich mich startklar für den nächsten mallorquinischen Querkopf, den ich vor einem Monat schon besucht habe: Toni Feliu. Ich freu mich drauf, weil der Junge einfach die besten und kämpferischsten Sprüche draufhat.

Autochthone Sorten

Dieser häufig bei alten Sorten und Rassen verwendete Begriff stammt von den griechischen Wörtern „auto" für „selbst" und „chthon" für „Erde" und bedeutet etwa „am Fundort entstanden", „bodenständig". Es sind Pflanzen oder Tierrassen, die sich über sehr lange Zeit an einem Wildstandort entwi-

ckelt und dort selbst vermehrt haben. In ihren ganz verschiedenen Standortqualitäten und Klimata haben sich die Pflanzen und Tiere im Laufe einer jahrtausendelangen Entwicklung an ihre Umweltbedingungen angepasst. Sie weisen eine regionaltypische genetische Ausstattung auf. Es gibt immer mehr Baumschulen, Pflanzenerzeuger und Zuchtbetriebe, die auf autochthone Sorten und Rassen Wert legen, weil sie an Standorte besser angepasst sind und sich deshalb gesünder entwickeln können.

Antoni „Toni" Feliu
Sa Casa Pagesa, Mallorca, Spanien

Der Verfechter
der Vielfalt

Antoni Feliu, genannt Toni, hat einen Bauernhof mitten auf Mallorca, etwa eine halbe Stunde nördlich von Palma. Er ist ein unermüdlicher Kämpfer für die aussterbenden Nutztierrassen und Gemüsesorten auf den Balearen. Deshalb will ich ihn unbedingt besuchen. Außerdem arbeitet er auf Sa Casa Pagesa biologisch, und es gibt nicht besonders viele Bio-Betriebe auf der Insel.

Interessant ist Toni auch deshalb, weil die autochthonen, also die ursprünglichen Sorten und Rassen, immer mehr von den Festland-Sorten und -Rassen verdrängt werden. Er muss für die Zulassung jeder Sorte kämpfen, weil sie der Regulierungswut der Spanier und der Europäischen Gemeinschaft schon in großem Maße zum Opfer gefallen sind. Es ist ähnlich wie bei den Weingütern Can Majoral, das ich soeben beschrieben habe, und Es Verger, das ich noch besuchen werde.

Toni ist Vorsitzender des Verbands der lokalen Vielfalt der Balearen, der „Associació de Varietats Locals de les Illes Balears". Diese Organisation hat ihren Sitz in Palma. In ihr sind Bauern, Winzer, ein paar Händler und viele Verbraucher organisiert. Toni hat die meisten autochthonen Rassen und Sorten auf seinem Hof versammelt, auch wenn es manchmal nur zwei Tiere sind. Er ist deshalb ein Anlaufpunkt für alle, die sich informieren wollen. Er lebt mit seiner Mutter, einer sehr netten älteren Dame mit einem lebendigen sonnengegerbten Gesicht, seiner Frau, die den Hofladen führt, und seinen drei Kindern auf Sa Casa Pagesa.

Vom Aussterben bedroht

So gibt es zum Beispiel die menorquinische Milchkuh, die einzige spanische Milchkuh, die noch in ihrer Urform erhalten ist, sie ist nicht weitergezüchtet worden. Sie hat ein bestimmtes Eiweißmuster in der Milch, das sehr gut für die Gesundheit sein soll. Es gibt heute nur noch 600 Tiere weltweit – alle auf den Balearen. Außerdem gibt es eine mallorquinische Fleisch-Rinderrasse, genannt Cabra. Die Kühe geben nicht viel Milch, dafür fressen sie aber alles und ihr Fleisch ist hervorragend. Es gibt noch 400 Stück. Das schwarze mallorquinische Schwein zeichnet sich durch kleine Fettbeutel am Hals aus. Diese sorgen für die Kühlung des Tierkörpers: Die Beutelchen helfen beim Schwitzen und wirken wie Speicher und Wärmetauscher beim Wärmehaushalt. Es gibt 800 weibliche Tiere für die Züchtung auf der Insel. Sie werden in eineinhalb Jahren auf etwa 160 Kilogramm Lebendgewicht gemästet. Dieses Schwein war in den achtziger Jahren verpönt, weil es zu viel Fett und zu wenig Fleisch hatte. Mittlerweile haben Wissenschaftler herausgefunden, dass das schwarze Schwein das bessere Fettsäuremuster aufweist. Das Fleisch ist gut marmoriert. Aus dem Schweinefleisch wird traditionell die Sobrasada, eine fein gekutterte, luftgetrocknete Rohwurst, ähnlich unserer Teewurst, hergestellt. Das Fett wird für das Braten von Ensaimada, einem Schmalzgebäck, verwendet. Auch mallorquinische Schafe und Ziegen gibt es hier auf dem Hof, die Großeltern von Toni hatten diese schon. Ebenso wie das berühmte mallorquinische Pferd mit seinem glänzenden schwarzen Fell, das seit Jahrhunderten auf den Feldern zum Arbeiten eingesetzt wurde.

Die menorquinische Milchkuh schaut neugierig in die Kamera. Sie ist eine der wenigen noch lebenden autochthonen Kuh-Exemplare. Bei Toni werden fast alle alten Nutztierrassen der Balearen gezüchtet.

„Tiere sind Kulturerbe, genauso wichtig wie die Kathedrale von Palma. Vielfalt ist ein Wert an sich. Eine alte Rasse kann einen Vorteil haben, den wir heute noch nicht kennen, weil etwa die Krankheit bei den Hybridrassen noch nicht da ist." Ein interessanter Gedanke!

Verlust der Sortenvielfalt

1951 litt ganz Spanien unter der Hungersnot und Franco wollte wissen, wie viele Weizensorten es eigentlich gibt. Bei dieser groß angelegten Zählung kam heraus, dass es allein auf den Balearen 26 verschiedene sind. In Madrid werden diese Sorten bis heute in Sortenbanken aufbewahrt. In ganz Spanien sind heute nur noch vier Weizensorten verbreitet. „Bei uns auf dem Hof wachsen autochthone Tomaten, die ,Sa tomàtiga de Ramallet', die hervorragend an den Standort angepasst sind. Diese Tomatensorte wurde im 16. Jahrhundert von den spanischen Eroberern aus Mexiko eingeführt. In den achtziger Jahren waren diese Tomaten out." Doch Toni hat den Anbau dieser Sorte nie aufgegeben. Es sind kleine, sehr harte und trockene Tomaten, die man aber sehr lange, bis in den Winter hinein, lagern kann.

Tonis wunderbare Geschichten

Toni ist ein sympathischer Kerl. Seine blauen Augen funkeln aus seinem braun gebrannten Gesicht. Wir lauschen den Geschichten, die von seinem Eingebettetsein in die Geschichte Mallorcas, seinen weitreichenden Kenntnissen über die Natur und seinem Stolz zeugen. „Das Land hier gehört nicht uns, wir müssen es pachten, das war bei unseren Großeltern schon so, und zwar wegen des ehemals feudalistischen Systems, das auch auf Mallorca galt." Schon im 13. Jahrhundert haben die Conquistadores das Land unter sich aufgeteilt. Ursprünglich kommt Tonis Familie aus San Jordi am Südzipfel Mallorcas, da war der Boden allerdings schlecht, deshalb sind sie an die östlichen Ausläufer des Tramuntana gezogen. Seine Vorfahren haben dann auf Mengenproduktion umgestellt. „Wir sind aber trotzdem arm geblieben. Heute bekomme ich mehr Geld für meine Produkte und habe ein gutes Gefühl."

„Unter Bauern ist der Wein sehr hoch angesehen, vor allem die ausländischen Sorten wie Cabernet Sauvignon. Aber vielleicht passen sie anderswo besser hin! Hier wurde das Pferd von hinten aufgezäumt. Es ist besser, die heimischen Sorten zu belassen und diese dann zu verbessern, nicht umgekehrt den Cabernet Sauvignon zu adaptieren zu versuchen." Toni meint, der Charakter Mallorcas gehe dadurch verloren. „Weinproduzenten, die nur wegen des Geldes auf dem Boom reiten, lehne ich ab", sagt er kurz und bündig. Wein sei so snobistisch wie eine große Yacht und ein großes Auto. Man merkt, er ist durch und durch ein Bewahrer und Sozialist.

Mallorquinische Kirschen sind kleiner und härter als die uns bekannten, aber hitzeresistenter. „Obstbäume brauchen Kälte, um blühen zu können. Ohne Kälte können dies nur die hiesigen Sorten."

Das „Mula", das mallorquinische Maultier, wurde im 18. Jahrhundert in die USA exportiert, weil es stärker und fleißiger war. Auf Mallorca leben heute nur noch 20 Maultiere! Toni hat rote und weiße mallorquinische Schafe, außerdem das weiße menorquinische Schaf. Nur das schwarze menorquinische Schaf, das fehlt ihm noch in seiner Sammlung. Während die Schafherden relativ groß sind, jeweils 100 Muttertiere plus Nachzucht, und auch die freilaufenden Schweineherden ziemlich groß sind, hat er nur ein Pferd und zehn Kühe.

Auf die Frage, wie Toni die Zukunft sieht, antwortet er: „Am Ende des Tunnels gibt es ein Licht. Am Anfang waren alle dagegen, was wir machen, aber wer seine Sache gut macht, wird auch seine Zeit bekommen." Die Arbeit der Bauern werde nicht genügend gewürdigt. „Im Theater gibt es einen, der präsentiert, der Schauspieler, aber es muss auch den geben, der den Vorhang auf und zu macht. So ist das in der Landwirtschaft auch: Jeder sagt, schau mal, die schönen Mandelbäume, aber einer muss diese Bäume pflegen. Es kann nicht nur Könige geben."

Sa Casa Pagesa

Toni serviert uns im vor Sonne und Wind geschützten historischen Innenhof des alten großen Bauernhauses eine typisch mallorquinische Brotzeit, die Pamb'Oli, was für Brot und Öl steht. Es gibt also geröstetes Weißbrot, auf das er die mallorquinischen Tomaten drückt, und Olivenöl. Dazu noch die berühmte Sobrasada, die man obendrauf legt. Außerdem einige schön große Kapern. Wir sitzen auf der Veranda und futtern nach der Pamb'Oli bittere Mandeln, die Tonis Frau im Ofen geröstet hat. Und dann geht es wieder um Vielfalt, und Toni äußert seine sozialistischen Gedanken, die ich gut nachvollziehen kann.

„Ich spreche Mallorquin und du Deutsch, die Eigenart soll bestehen bleiben. Ein Künstler wird in Parfüm investieren, aber nicht in Zwie-

beln. Da geht es ums Image." Nun, damit muss man etwas anzufangen wissen, was Toni da in blumigen Worten sagt. Ich ahne, was er meint: Er beklagt sich über den Protz, der bestimmte Regionen Mallorcas erfasst hat. Und die Gleichmacherei. „Alle bewundern die Plantagen, die Obstgärten, die Blumen auf Mallorca, aber nicht die Arbeit, die dahintersteht. Wir sind die am schlechtesten bezahlten Gärtner, die aber eigentlich für die Schönheit der Insel zuständig sind. Hier gibt es keine Wertschätzung für das, was wir tun." Toni hört gar nicht mehr auf: „Der Künstler sollte in die Landwirtschaft investieren, denn diese bringt viel mehr Schönheiten hervor als das Parfüm. Alles, was von außen kommt, ist besser angesehen als das, was von der Insel kommt. Obwohl in den heimischen Produkten die Arbeit der Mallorquiner drinsteckt. Die Tomaten zum Beispiel werden vom Festland importiert, statt die eigenen alten Sorten auf Mallorca zu erhalten."

Mangelnder Respekt für die Arbeit der Bauern

Toni erzählt von einem mallorquinischen Landwirt, bei dem man 1970 eine Melonensorte entdeckte, die gegen viele Krankheiten resistent ist. Der Bauer hatte ähnlich wie heute Toni die alte Sorte immer wieder selbst vermehrt und so erhalten. Man nahm die Samen mit und schenkte die Patente den Medizinern und Genforschern. Der Bauer hatte nichts davon. „Das Wissen hat immer der Bauer, nicht die Forscher. Dieser Bauer hat über Jahre durch strenge Auslese die Resistenz dieser Pflanze erarbeitet, und wurde nie dafür honoriert. Der Erfinder des Penizillins wurde honoriert und wertgeschätzt, und seine Nachkommen leben noch heute davon, die Arbeit des Landwirtes nicht!" In den vielen Jahren, in denen er mit den autochthonen Rassen und Sorten arbeitet, sind viele andere Landwirte abgesprungen, da diese Arbeit nicht honoriert wird. Der mallorquinische Apotheker Monserrat Pons aus Llucmajor, der auf über 90 Hektar mit etwa 800 verschiedenen aussterbenden Feigensorten arbeitet und überall anerkannt und ausgezeichnet wird, wird im eigenen Land nicht wahrgenommen und beachtet. „Er hat mittlerweile die größte Feigenzucht der Welt, als Pharmazeut hatte er das Geld, und er hat es nicht in Luxus und Ferraris, sondern in die Agrikultur investiert." Monserrat war vor ihm Vorsitzender des Verbands der lokalen Vielfalt der Balearen.

Toni findet, dass die Landwirtschaft auf der ganzen Linie vernachlässigt wird. „Es gab keine Agrarrevolution, sondern eine Industrierevolution." Schimpfwörter kommen immer aus der Landwirtschaft, sagt er, du blöde Kuh, du dumme Ziege. „Der Volksmund sagt, wenn du nichts kannst, dann werde Bauer, man will damit sagen, dass es einfach ist, Bauer zu sein, das kann sogar ein Dummer." Dabei sei es eigentlich genau anders herum: „Der Landwirt muss sogar viel langfristiger denken als eine Regierung, die alle vier Jahre ausgewechselt wird!"

300 Familien leben in Mallorca von der Landwirtschaft. „Wie erklärt man ihnen, warum sie sich nach 20 Jahren Arbeit in der Landwirtschaft noch immer kein Auto leisten können, und ein Ingenieur dies schon nach einem halben Jahr kann?" Für Toni ist es eine Lebensart – wenn es schon keine gute Bezahlung gibt, hat er doch ein gutes Leben und erfährt durch seine Arbeit und sein Leben auch viel Wertschätzung von außen. „Ich könnte mir nichts anderes als dieses Leben vorstellen", sagt er dann noch. Er fordert mit ganzem Stolz Achtsamkeit für die Landwirte. Er möchte nicht reich werden, aber die Preise für Diesel, Strom und vieles andere steigen ständig, also können die Lebensmittel nicht ewig gleich günstig verkauft werden. „Die Politiker und Wissenschaftler bestimmen die Landwirtschaft. Ich darf zum Beispiel kein Saatgut verkaufen, das nicht registriert ist."

Wissenschaft und Politik

Die Universität der Balearen hat eine Studie über Strauchtomaten durchgeführt und festgestellt, dass es 128 Sorten auf Mallorca gibt. Die Landwirte haben dafür kostenlos das Saatgut abgegeben. Wieder hatten die Landwirte nichts davon.

Auf die Frage, wie er die Zukunft der Landwirtschaft auf den Balearen und speziell der Landwirtschaft, wie er sie betreibt, sehe, antwortet er, dass es auf die Wertschätzung und Förderung ankomme. „Wir sind als Landwirte abhängig." Auf Ibiza gibt es keine Vollerwerbsbauern mehr, nur noch auf Menorca und Mallorca. So weit sei es gekommen. 50 Prozent der Subventionen, die die Bauern bekämen, seien EU-Subventionen, 25 Prozent seien nationale und 25 Prozent Balearen-Subventionen. Die Bauern hängen am Tropf, weil die Erzeugerpreise zu niedrig sind, um die Familien zu ernähren. Es ist wie überall in Europa: Ein riesiger Wirtschaftszweig wird künstlich am Leben erhalten, um den Konsumenten vorgaukeln zu können, die Preise, die sie im Supermarkt bezahlen, seien Marktpreise. Ließe man die Subventionen weg, würden die Erzeugerpreise auf den Wert klettern, den es braucht, um die durchschnittliche Bauernfamilie zu ernähren. Theoretisch.

Auf die Frage nach der Zukunft der autochthonen Sorten sagt Toni: „Die Bauern haben kein Interesse. Die jungen Leute auf der Insel, also die Konsumentinnen und Konsumenten, schon. In autochthone Sorten investieren nur Privatpersonen, keine Landwirte. Am 19. April war der Tag der Landwirte. Er war sehr gut besucht. Jedoch haben nur drei Landwirte etwas zu autochthonen Sorten gesagt."

Zeit und Geduld

„Es muss eine Bewegung sein, die Wert darauf legt, zu wissen, welche Menschen unsere Lebensmittel produzieren, woher die Sorten kommen und vor allem der echte Geschmack. Die Insel neigt noch viel zu stark zur Monopol- und Monokulturbildung, es braucht aber einfach Zeit und Geduld. Eines Tages kommt der richtige Zeitpunkt für Veränderung: Jede alte Sorte bekommt dann ihre Bedeutung, wenn die Krankheit kommt, gegen die sie ihre Resistenzen richten kann."

Erfüllt vom Kampfgeist und den vielen Geschichten des Antoni Feliu fahren wir zurück nach Bunyola. Morgen werden wir noch einmal vorbeischauen, wenn der Hofladen geöffnet hat und die Kunden aus der Region Palma zum Einkaufen kommen.

Auf „Casa Pagesa" gibt es einen kleinen Hofladen, in dem die Produkte vom Hof verkauft werden. Viele Menschen aus dem nahe gelegenen Palma kaufen hier wöchentlich die frisch geernteten Gemüse ein.

Miquel sen. und Miquel jun. Fullana
Es Verger, Mallorca, Spanien
www.esverger.es

Öl und Wein, die zwei edelsten Säfte

Ein ehemaliger Schuhfabrikant und sein Sohn, ein ehemaliger Surfshop-Besitzer, haben mit Fleiß, Gestaltungswillen und kompromisslosem Qualitätsdenken ihr Olivenöl und ihren Wein unter die besten Spaniens gereiht. Wachsen wollen und können sie nicht mehr, denn die Plantagen von Es Verger liegen in einem durch Felsen begrenzten Tal in der Tramuntana.

In der Tramuntana, dem Nord-Süd-Gebirgszug an der Westküste Mallorcas, ist das Klima in den Nächten kühler als bei den Olivers in Algaida. Deswegen besuche ich hier Vater und Sohn Fullana in der Nähe von Esporles an der Ostseite dieses herrlichen Gebirgszuges, der erst 2012 von der UNESCO zum Weltkulturerbe erklärt wurde. Bei diesen Menschen spürt man sofort wieder den Inselstolz, diese tiefe Liebe zur Heimat Mallorca, und damit verbunden den Wunsch, das Erbe der Familie Fullana zu erhalten.

Miquel Fullana senior hatte eine Schuhfabrik und mehrere Schuh- und Modegeschäfte in Palma und Alcudia, die er vor 20 Jahren verkauft hat, um die Weinberge und Olivenhaine seiner Vorväter an den Hängen über Esporles zu bewirtschaften. Der Weg führt mich hinauf und oben wieder hinab in ein einsames abgelegenes Tal, in das die Olivenplantagen und die Weinreben wie ein Teppich hineingelegt sind. Es ist so, wie ein Maler die Tramuntana malen würde, pittoresk, fast schon kitschig.

Miquel junior hatte einen Surfshop in Palma, bis er sich entschloss, mit seiner kleinen Familie vom lauten Palma hier auf die kleine gepflegte Finca mitten in den Feldern über Esporles zu ziehen. Beiden Fullanas merkt man an, dass sie keine bäuerliche Prägung haben, sie geben sich weltläufig und städtisch. Das merkt man auch an der Art, wie sie professionelles Marketing und Produktdesign betreiben, wie sie sich und ihre Produkte in dem kleinen Präsentations- und Lagerraum darstellen. Schon das Logo von Es Verger, in rohes Eisen geschmiedet, am Eingang zur Finca ist so, wie man das auf Edelweingütern in Frankreich machen würde.

Pflege des mallorquinischen Kulturerbes

Doch es ist nicht edel hier, alles ist – wie die ganze Insel – sauber und gepflegt, bodenständig, bescheiden und überschaubar, aber dennoch fein. Überhaupt keine überhebliche Bemerkung kommt von den beiden, kein „wir sind die Besten". Obwohl der Wein und das Olivenöl zu den besten zählen, die Spanien zu bieten hat. Es ist weniger der bäuerliche Stolz als die eher intellektuelle Gewissheit, dass man einen Beitrag zur Erhaltung des mallorquinischen Kulturerbes leistet.

„Öl und Wein sind die zwei edelsten Säfte, die die Natur uns hier in der Tramuntana schenkt", sagt Miquel senior, „und wir machen das Beste daraus, was wir können, denn wir sind zu klein, um uns etwas Minderwertiges leisten zu können. Das wird immer so bleiben." Es wird hier tatsächlich kein Wachstum geben können, um sie herum sind steile Wälder und Felsen, eine natürliche Grenze. Nur eben Wachstum in der Qualität. „Deswegen haben wir auch schon vor 20 Jahren gleich auf Bio umgestellt. Untergehen werden wir nicht!"

Öl und Wein ergänzen sich hier prächtig: Der Wein wird im September und Oktober geerntet und gekeltert. Im November dann, wenn es kühler wird, geht es mit der Olivenernte los. Das sind die Monate, in denen der Grundstock für das Jahreseinkommen gelegt wird. Eine reichliche und qualitätsvolle Ernte verspricht gutes Einkommen, im Gegensatz zu mageren Jahren, in denen man im Weinkeller mehr kämpfen muss, um ein gutes Ergebnis zu erzielen. Eine gute Ernte wie dieses Jahr zaubert ein Lachen in die gesunden Gesichter der Männer.

Die mallorquinischen Politiker, meint Miquel senior, helfen den Bauern hier nicht, sondern träfen nur die für sie selbst vorteilhaften Entscheidungen. Wenn ein Mann der Insel so etwas sagt, versteht man, warum sich die Bauern hier so vehement selbst behaupten müssen. Alles öffentliche Geld floss in den letzten Jahrzehnten in die Infrastruktur, die Touristikimmobilien, die Landspekulation. Und nicht selten in die Taschen der Politiker selbst. Etwa ein Dutzend Minister aus der 2010 abgewählten sozialistischen (!) Balearenregierung sowie der ehemalige Ministerpräsident, der sich unter abenteuerlichen Umständen nach Kanada abgesetzt hatte, von dort aber wieder nach Palma ausgeliefert wurde, saßen nach ihrer Abwahl in Untersuchungshaft in Palma, bezichtigt der Untreue und der Korruption. Sie wurden dann teilweise zu Haftstrafen und hohen Geldstrafen verurteilt.

Halbreife Oliven bringen sauberen Geschmack

„Bauern haben hier nichts zu sagen, wir sind die Minderheit." Um zu überleben, muss man alles selber machen: produzieren, verarbeiten, vermarkten. Die Miquels zeigen mir die Olivenmanufaktur, klein, fein, sauber, und von außen ganz unscheinbar am Rand der Olivenhaine. Hier laufen nur etwa drei Wochen im Jahr die kleine Ölpresse und

Miguel Fullana sen. füllt die geernteten Oliven in ein Sieb, das die letzten Stile und Blätter aus den Oliven siebt, bevor sie in der Zentrifugalpresse entsaftet werden. Je sauberer, gesünder und frischer die Oliven, desto schmackhafter und haltbarer das Ergebnis.

die Zentrifuge auf Hochtouren. Die Oliven werden hier viel früher geerntet, im halbreifen Zustand. Das vermindert zwar die Ölmenge, steigert aber die Qualität des Öls. In den kühlen Nächten werden die Oliven von den Bäumen geschüttelt, dann eben, wenn sie selbst auch kühl sind. Sie werden sofort gequetscht, gepresst und zentrifugiert, um das Öl vom Wasser und den festen Bestandteilen der Oliven zu trennen. Wenn man so verfährt, muss auch nicht filtriert werden. „Es bringt einen fruchtigeren, saubereren Geschmack und erhöht die Haltbarkeit, als wenn man die Oliven zu reif werden lässt und sie zu lange zwischen Ernte und Pressen (womöglich noch in der Sonne!) stehen lässt", so Miquel junior. Ich spüre den bescheidenen Stolz von Miquel.

Auf 17 Hektar wachsen ungewöhnliche Weinsorten: die autochthonen Rebsorten Manto-Negro und Callet, die das Grundgerüst der Weine darstellen. „Der Manto-Negro neigt dazu, schnell zu oxidieren und eine braune Farbe anzunehmen", so Miquel junior. „Dafür sorgt er im Merlot für eine dunkle Farbe und im Cabernet Sauvignon für eine längere Lagerungsfähigkeit." Darüber hinaus gibt es bei den Fullanas die französischen Klassiker Petit Viognier und Pinot Noir. Aus dem Pinot wird ein sortenreiner Wein gekeltert, aus der Viognier-Traube wird ausschließlich Süßwein gemacht.

Kleines Portfolio mit großem Erfolg

Auf Es Verger werden vier Weinsorten produziert: der Ses Marjades, der Els Rojals und der Pinot Noir als Rotweine, der Süßwein heißt „Fita del Ram". Der Ses Marjades wird aus der Manto-Negro- und der Cabernet-Traube gekeltert, der Els Rojals aus Cabernet und Merlot und der „Fita del Ram" aus der Viognier-Traube. Diese ist weiß, wird vor allem im Rhônetal angebaut und erbringt tiefgelb gefärbte und geschmacklich prägnante Weißweine, die sehr alkoholreich sind. Der Duft erinnert an Aprikosen, Pfirsiche und Veilchen. Es ist zumeist teurer Wein, der aber jung getrunken wird. Diese Traube hat eine sehr interessante Geschichte: Sie war 1968 mit nur 14 Hektar registrierter Anbaufläche in Frankreich fast verschwunden. Danach gab es eine gewisse Renaissance der Traube, weil man ihre Vorzüge wiederentdeckte. Heute gibt es zwar noch nicht richtig viel, aber doch an die 4000 Hektar Anbaufläche auf der ganzen Welt. Der Ertrag, um die 3000 Liter pro Hektar, ist schwach, dadurch aber die Qualität hervorragend. Petit Viognier ist mit der italienischen Sorte Freisa verwandt.

Bei der Rotweinproduktion wird kosmodynamisch gearbeitet, wie Miquel junior es nennt, nicht bei der Ernte, aber beim Schneiden und Abfüllen, also dem Schließen der Flasche durch den Korken: „Da wirkt sich die Phase des Mondes kolossal aus, und das passiert am besten bei Neumond und bei einer bestimmten Windrichtung."

Die Mühe der Fullanas zahlt sich aus, denn die Weine von Es Verger haben international schon einige Preise erzielt, so bekam der Ses Marjades auf der Biofach 2007 die Silbermedaille, und im Jahr darauf gewann derselbe Wein die Goldmedaille auf dem „Concours Mondial" in Brüssel. „Da sieht man, dass es sich lohnt, vollständig auf nichtbiologische Maßnahmen im Weinberg zu verzichten", sagt Miquel junior.

Die Fullanas haben in ihrer Ruhe und Gelassenheit eine große Ähnlichkeit. Miquel senior hat im Jahre 2012 den Betrieb an Miquel junior übergeben. Ich wünsche mir, dass Miquel und Miquel Es Verger erfolgreich an die nächsten Generationen übergeben können, denn dieses kleine Bijou hat es verdient, beschützt zu werden.

Brigitte und Denis Sauveplane
Fromagerie Sauveplane, Le Vigan,
Languedoc-Roussillon, Frankreich

Die Basis für besten Ziegenkäse

Die Qualität von Ziegenkäse hängt davon ab, was die Tiere fressen. Bei Brigitte und Denis Sauveplane sind das jeden Tag andere Kräuter und Gräser, aber auch Eicheln, Kastanien und Blätter von Bäumen. Denis treibt die Herde täglich zu den kargen Wiesen der Cevennen in Südfrankreich. Brigitte macht aus der Milch Ziegenfrischkäse in drei Reifestadien, von frisch-cremig bis trocken-blumig.

Mein Freund Bert holt mich am Flughafen von Marseille ab. Er begleitet mich auf meiner Reise zu den Projekten in Frankreich, die ich mir auch mit Berts Hilfe ausgesucht habe. Mein Französisch ist ganz passabel, aber für die Spitzfindigkeiten der französischen Sprache ist es gut, ihn dabeizuhaben, denn er lebt seit vier Jahren in der Nähe von Montpellier und handelt mit Bio-Weinen.

Unser erstes Ziel ist ein Ziegenhof 60 Kilometer nördlich von Montpellier. Le Vigan ist ein kleiner Ort am Fuße der Berge, und wir treffen Brigitte Sauveplane an ihrem Käsestand auf dem Wochenmarkt. Wir sind zu spät, sie packt schon alles ein, denn es hat zu regnen begonnen. Die Sauveplanes haben auch einen kleinen Laden mitten in der Altstadt in einem alten Gewölbe, der nur dienstags und samstags geöffnet ist. „Hier kaufen die Kunden vor allem wegen des Geschmacks und des Vertrauens in unsere Arbeit", sagt Brigitte, „und vielleicht 20 Prozent kaufen wegen ‚Bio'. In den großen Städten ist das natürlich anders herum."

Ziegenfrischkäse mit geschützter Herkunft

Die Spezialität hier ist der Pélardon, ein gereifter Ziegenfrischkäse, der angeblich der beste der Welt sein soll. Pélardon darf sich nur ein Käse nennen, der von einem Ziegenhof stammt, von Hand geschöpft ist und bestimmten Qualitätsanforderungen entspricht. Die Ziegen müssen tagsüber draußen frei herumlaufen können, der Ziegenhirte ist zumeist auch der Käser, und die Käse müssen eine bestimmte Form haben. Außerdem darf der fermentierte Käse nicht tiefgefroren werden, wie in der Industrie üblich. Pélardon ist also eine Herkunfts- und Qualitätsbezeichnung, eine AOC.[8] Die Bezeichnung gibt es seit 200 Jahren und heißt „kleiner Käse". Erst im Jahre 2000 hat man einen AOC daraus gemacht, nachdem inzwischen auch die Industrie den Namen verwendet hatte.

Denis, der Ehemann von Brigitte, ist für die Ziegen zuständig. Täglich führt er sie für vier bis fünf Stunden über die Berge zu den kargen Wiesen, wo sie die Gräser und die Kräuter Südfrankreichs futtern, die den besonderen Geschmack der Milch und des Käses ausmachen. Seine zwei Hunde halten die Herde von etwa 110 Tieren im Zaum. „Es ist wichtig, die Kreisläufe wieder zu schließen, das Futter in der Nähe zu haben und nicht zukaufen zu müssen – relocaliser la production et le vente des produits!", wie er sich ausdrückt. Er ist jahrein, jahraus an der frischen Luft. Welch ein Luxus aus der Sicht eines Stadtmenschen!

„Wir haben das Problem, dass die kleinen Schlachthäuser in Frankreich in den letzten 30 Jahren verschwunden sind." Denis kämpft als Gemeinderat von Le Vigan dafür, dass das letzte kommunale Schlachthaus nicht auch noch geschlossen wird. Kleine Städtchen haben ein solches hier im Süden vereinzelt noch, wie Alès und Pézenas, Nîmes und Montpellier hingegen nicht mehr. „Es ist schwer, für die lokale Arbeit die alte regionale Struktur wieder zurückzuholen, wenn sie einmal verschwunden ist", beklagt er.

---

8 Das INAO, das Institute National Appellations d'Origine, das die AOC-Auslobungen (Appellation d'Origine Contrôlée) vergibt, ist ein staatliches französisches Institut. Das Ziel ist, eine enge Verbindung zwischen dem Produkt und dem Herkunftsland zu erreichen. Diese Auszeichnung garantiert einen abgegrenzten geografischen Ursprung mit geologischen, agronomischen und klimatischen Besonderheiten. Außerdem spezielle Produktionsbedingungen, die sich aus der Kultur und Geschichte sowie unter Berücksichtigung der ungebrochenen örtlichen Gepflogenheiten ergeben. Die Produkte werden jährlich mithilfe einer analytischen und organoleptischen Prüfung durch das INAO kontrolliert.

Bio-Ziegen leben doppelt so lang

Es ist fast biblisch, wie Denis und die Hunde die schönen, reinlichen und zumeist braunen Tiere durch die kleinen Wäldchen und die steilen Hänge begleiten. Ich erlebe zum ersten Mal, zwischen hundert Ziegen zu gehen, eng beieinander, die mich alle sehr neugierig anschauen und sich sicher über mich wundern.

Auf die Frage, warum die Sauveplanes auf Bio umgestellt hätten, erzählen Brigitte und Denis, als wir bei ihnen vor dem Ofen sitzen, dass ihnen die vielen Arzneimittel nicht gefielen und sie irgendwann damit aufgehört hätten. „Bio war dann nicht mehr so weit davon entfernt." Die Arbeit mit dem Boden sei immer Bio gewesen. Nur im akuten Fall darf eine bestimmte Menge Antibiotika verabreicht werden. „Durch die Bio-Richtlinien wird klar vorgeschrieben, gegen was wie oft und wie viel gegeben werden muss", sagt Denis.

Neben Heu wird im Winter auch Bio-Getreide zur Leistungssteigerung gefüttert, aber wenig, maximal 1000 Kilogramm für die 110 Ziegen und die 160 Zicklein. Diese werden im Februar geboren und bleiben lange bei der Mutter, die einen Monat nach der Geburt die meiste Milch gibt, drei bis vier Liter am Tag. Sonst sind es nur ein bis zwei Liter. Zwischen sechs und acht Jahre lang geben die Ziegen Milch, im konventionellen Bereich nur drei Jahre, da die extrem leistungsorientierte Fütterung und Haltung die Tiere schnell auspowert.

Im Frühling hat die Milch wenig Fett, im Sommer am meisten. Jetzt, im Mai, schmeckt die Milch besonders stark nach Ziege. Deswegen ist auch die Fermentation des Käses zwischen März und Juni völlig anders als im Rest des Jahres. „Letztlich liegt das an den Kräutern, die in

Täglich begleiten Denis und sein Hütehund die Ziegen mindestens fünf Stunden durch die weitläufigen Bergwälder und über die duftenden Weiden des Umlandes. Die Tiere lieben das vielfältige Nahrungsangebot, und sie bleiben durch die Bewegung gesund und vital. Das lohnen sie mit einer duftenden Milch für ebensolchen Pélardon.

dieser Jahreszeit wachsen." Erst wenn die Wiesen nichts mehr herge-
ben, gehen die Ziegen zum Futtern in den Wald. Da ist dann die Milch
ganz anders. Kastanien und Eicheln bringen noch einen anderen Geschmack in die Milch. Auch die Blätter der Sträucher und Bäume, die
herabfallen, geben den Geschmack, außerdem Brombeeren, Clematis,
Geißblatt und die verschiedenen Farne und Wildkräuter.
Alle Ziegen werden gleichzeitig „trockengestellt". Das heißt, dass
die Tiere nicht mehr gemolken werden, um die Kraft für das Heranrei-
fen des Zickleins im Bauch der Mutter aufzusparen. Die Sauveplanes
haben die Rassen „Alpina", das sind die hübschen Braunen mit dem
schwarzen Streifen entlang des Rückens, und „Saanen", schneeweiß
und ein wenig größer als die Alpinas. „Heimische Rassen existieren
hier nicht mehr", sagt Denis, nur noch im Massif Central, zum Beispiel
das „Mouton La Rayole", eine schwarzköpfige Ziegenrasse, das Aubrac-
Rind oder das „Cochon Noir", ein schwarzes Schwein.

Der Wert fermentierter Lebensmittel

Vincent, der Sohn von Brigitte und Denis, hilft seinem Vater
beim Melken und seiner Mutter beim Käsen. „Wir verkaufen den Käse
in drei verschiedenen Reifestufen. Ganz harte, lange gereifte Käse machen wir manchmal auch." Die Sauveplanes verkaufen ihren Käse nicht
an Großhändler oder konventionelle Händler, nur an Restaurants und
kleine Käseläden. Ein Drittel geht direkt in Le Vigan über die Theke.
Brigitte ist eine überzeugte Bio-Verfechterin. „Viele sagen, na ja, ist ja
eh alles verseucht und man kann sich sowieso nicht schützen, also warum
überhaupt Bio machen? Aber diese Leute sehen die Sache mit den Pestiziden nicht!" Wir philosophieren über den Wert von handgemachten Lebensmitteln. Das Fundament der menschlichen Ernährung seien die fermentierten Produkte, sagt Brigitte, zum Beispiel die fermentierten Gemüse wie Sauerkraut, Bier, Käse und Brot. Sie kann so herzhaft lachen!
Dann werden die Ziegen gemolken. Sie gehen auf den erhöhten
Melkstand gleich neben dem Stall, sie kennen das Spiel schon, das
jeden Morgen und jeden Abend stattfindet. Jede Ziegendame steht in
einer Mini-Melkstand-Box, die Köpfe sind alle in unsere Richtung ge-
wandt. „Die Ziegen sind neugierig, wir wollen, dass sie uns ansehen
können, wenn wir sie melken, auch wenn es etwas umständlicher ist."
Das Melkgeschirr ist auch wie eine Miniatur, und die durchschnittliche Milchmenge pro Ziege ist um den Faktor 8 bis 10 kleiner als bei der

Kuh. Ein Milchbauer in Oberbayern würde das hier als ein mühsames Geschäft bezeichnen. Wenn man aber vom Ergebnis probiert, weiß man, dass sich diese Arbeit lohnt. Auch für die Familie Sauveplane lohnt sich die Arbeit. Sie führen ein Leben im Bewusstsein, ein gutes Produkt zu machen, das die Leute lieben, und dabei doch auch selbst sehr gut zu leben. Jüngst haben sie sich ein neues, modern anmutendes Haus oberhalb von Ziegenstall und Käserei gebaut, mit einer großzügigen Wohnküche samt großem Holzbackofen im Erdgeschoß, mit großen Fenstern mit Blick auf die Berge und zu den Ziegen, und mit gemütlichen Zimmern im ersten Obergeschoß und unterm Dach. Die Käserei ist vor einigen Jahren aus schönem Naturstein neu gebaut worden. Diese Leute haben Stil!

Selbst gemacht – selbst geliefert

Um in die Käserei zu gelangen, muss man durch eine kleine Hygieneschleuse gehen, nachdem man sich den weißen Kittel angezogen, die Schuhschützer übergestreift und das Hütchen aufgesetzt hat. Die Fermentation der Ziegenmilch geschieht mit einer speziellen Kultur, die hier in der Käserei gezüchtet und der Milch zugegeben wird. Lab wird nicht verwendet, da es sich um einen gereiften Frischkäse handelt, der sein Gewicht durch Abtropfung und eine gewisse Trocknung verliert. Der Durchmesser aller Käse ist immer gleich, etwa acht Zentimeter, aber Brigitte und Vincent produzieren verschiedene Höhen und verschiedene Reifegrade.

Das Kühlhaus, das gleichzeitig als Reiferaum dient, ist voll mit rollbaren Käsehorden mit Käsen verschiedener Reifegrade und Höhen. Brigitte liefert die Käse aus, fährt zweimal in der Woche auf Tour zu den Kunden. Das Gespräch mit ihnen ist so wichtig wie der Käse selbst, es verbindet den Erzeuger mit dem Kunden und gibt beiden das Gefühl von Sicherheit, Vertrauen und auch etwas Geborgenheit. Nähe ist ein „Wert an sich", und Sauveplane ist ein gutes Beispiel dafür, wie man stabile, verlässliche Strukturen aufbauen kann – ohne das „Rein-Raus" der Industrie und des Handels, ohne den gefährlichen Druck auf die Preise, der schon viele kleine Bauern das Überleben gekostet hat. Deswegen muss man raus aus der Anonymität der Produkte und des Erzeugers und wieder direkt zum Kunden gehen. Leicht ist es nicht, aber wer das schafft, ist glücklich.

Vincent wird eines Tages den Hof übernehmen, aber bis dahin ist noch lange Zeit, denn seine Eltern sind noch jung, fit und lieben ihre

Arbeit. Ich werde sicher einmal wiederkommen und die drei besuchen, um dieses Gefühl einer intakten Welt zu spüren. Im Namen Sauveplane steckt ohnehin so etwas wie „save the planet" ...

Und nun noch ein Auszug aus einem kleinen Brief, den Brigitte mir geschickt hat, samt einem kleinen Rezept:

....

Chèr Georges,

Les „Pélardons" sont souvent dégustés chez nous a l'apéritif avec des bons vins.
Vin blanc avec les Pélardons crémeux et mi-sec –
Vin Rouge avec les Pélardons affinés (sec et fleuris)!

Recette d'Automne:
Quelques chata ' i ' gnes bouilles et pelées
Un fromage de chèvre frais
Salade bien assaisonnée (Ail)
Délicieux pour un repas du soir!

Pensée amicales,
Brigitte à Campis

Lieber Georg,

Die Pélardon-Käse werden bei uns gerne zum Aperitif mit guten Weinen gereicht.
Weißwein mit den frischen, cremigen bis leicht gereiften mitteltrockenen Pélardons –
Rotwein mit den affinierten reifen Pélardons (trocken und blumig)!

Ein Herbstrezept:
Gekochte und geschälte Esskastanien
Ein frischer Ziegenkäse
Salat der Saison mit etwas Knoblauch
Eine köstliche kleine Abendmahlzeit!

Mit freundschaftlichen Gedanken,
Brigitte

....

Edith und Henry Waton-Chabert
Mas de Vaudoret, Mouriès, Provence,
Frankreich
www.vaudoret.com

Olivenöl ohne Kompromisse

Die Olivenöle von Mas de Vaudoret sind Weltspitze und natürlich Bio. Mouriès liegt unweit von Les Baux-de-Provence entfernt, dem berühmtesten AOC-Gebiet für Oliven in Frankreich. Die 35 Hektar Wiesen des Gutes, in die man, wie hier in der Region üblich, auch Olivenbäume gesetzt hat, wurden bereits im 16. Jahrhundert bewirtschaftet.

Wir fahren von Mouriès, das zwischen Arles und Salon-de-Provence liegt, etwa drei Kilometer Richtung Nordosten. In einem Hochtal, das sich flach vor uns ausweitet, ist die alte Moulin de Mas de Vaudoret zu finden. Hier leben Edith und Henry Waton-Chabert mit ihrer Tochter. Jüngst haben sie Bruno und Kathy, die die Olivenbäume pflegen und einen kleinen Laden betreiben, an ihrem Betrieb beteiligt. Sie sind jung und dynamisch – das sind Edith und Henry auch, jedoch ein bis zwei Jahrzehnte älter.

Wir werden wie gewohnt mit offenen Armen aufgenommen, Bert kennt diesen Betreib schon, und ich komme mir vor, als sei ich schon 50 Mal hier gewesen. Edith ist eine Rakete, an das Arbeiten gewöhnt, und sie genießt es offensichtlich, ihre vielen Geschichten an den Mann bringen zu können. In schillernden Farben und mit viel Kampfgeist erzählt sie uns, was so war, was ist und wie es sein soll.

Und es geht gleich in die Vollen: „Die französische Küche tritt auf der Stelle." Die deutsche Küche bewege sich, meint sie, aber natürlich sei es auch einfacher in einem Land, das eine so wenig reiche Küchentradition habe wie Deutschland … Aha! Henry, ein kräftiger bärtiger Mann, kommt kurz mit seinem Hund Domino vorbei, man sitzt draußen auf der Terrasse, mit Blick auf die Weinberge, beim ersten Wein. „Je suis sa femme, mais Domino est sa concubine." Das übersetze ich jetzt mal nicht.

Familiengeschichte mit Hindernissen

Ediths Vater hat Mas de Vaudoret gekauft. Auf Vaudoret lebten immer Protestanten, drum herum waren seit jeher katholische Dörfer, die Protestanten wurden oft in die Berge vertrieben. Die Juden waren immer wie ein Puffer zwischen den Katholiken und den Protestanten. Die letzten Besitzer von Mas de Vaudoret hatten keine Nachfolger, deswegen hat Ediths Vater, der in der Gegend etwas zum Wohnen suchte, 1957 das alles erwerben können. Die Ländereien wurden selten geteilt, denn auch in Frankreich haben die Familien unter sich geheiratet, um die Besitztümer zu erhalten. Ediths Vater kam aus Paris, arbeitete in der Möbelgrundstoffindustrie und liebte den Jazz, über den er auch schrieb.

Hier auf Mas de Vaudoret herrschte 1956 großer Frost und alle Bäume waren kaputt, die Olivenölproduktion war damit auf einem Tiefpunkt. Der Vater war verpflichtet, neue Olivenbäume anzupflanzen. Er hat alles wiederaufgebaut, und viel später bekam er Stimmbandkrebs. Der Arzt, der ihn behandelte, wollte, dass er mit der chemischen Landwirtschaft aufhört. Da hat er einfach auf Chemie verzichtet.

Edith ist 1959 geboren, hier auf Vaudoret, als eines von drei Kindern. Sie und Henry haben den Betrieb 1989 übernommen. Edith war immer hier, ist nie weggegangen. Als ihr Vater die Kinder fragte, wer den Hof

Edith Waton-Chabert ist die Grande Dame der Mas de Vaudoret. Sie lebt seit ihrer Kindheit hier und liebt das gute Olivenöl und das Leben – wie man sehen kann.

Henry Waton-Chabert ist der Techniker, der den Hof und die Ölmühle instand hält.

übernehmen wolle, war sie es, die Mas de Vaudoret übernahm, denn ihre beiden Geschwister nahmen von ihrem Anspruch Abstand. Vorher hatte sie Seidendruck gemacht. Dann absolvierte sie eine einjährige Ausbildung, um den Anbau und die Verarbeitung von Oliven zu erlernen. „Ich war die erste Frau, die eine Studienarbeit über Oliven geschrieben hat, die erste mit einer Olivenmühle, und die erste Frau, die Bio gemacht hat", verkündet Edith stolz. Aber der Vater war immer noch da, hat sich dauernd eingemischt, hat Traktoren gekauft, bis das Geld nicht mehr reichte.

Die neue Ölmühle

Die Oliven verkauften sie an eine konventionelle Mühle, bis sie eine Mühle fanden, die sich für die Oliven von Mas de Vaudoret auf Bio umstellen ließ. 1997 baute Henry eine eigene Mühle in die alte „Gite", das Ferienhaus. Den Sommer über hatte er wenig Zeit wegen der Heuernte, die er hier auf der Farm auch noch bewerkstelligen musste, und im Herbst stand die Ernte der Oliven bevor. Ein Riesendruck. Drei Wochen vor der Ernte war die Mühle fertig.

Die Erntehelfer bekamen damals die Hälfte der Ernte. Also hat Edith eine eigene Angestellte bezahlt, musste aber mehr verkaufen, um sich das leisten zu können. Sie arbeitete viel bei Degustationen. Bis 2004 haben sie mit Angestellten gearbeitet, das wurde aber unmöglich, weil die Ernten von 2003, dem enorm heißen Sommer, bis 2006 extrem schlecht waren, denn die Bäume waren sehr in Mitleidenschaft gezogen. Edith hatte nichts zu verkaufen. Gott sei Dank hatte sie etwas Öl für die Degustations-Salons aufbewahrt. Die guten Kunden kamen nicht mehr. Es gab keine Mitarbeiter mehr. Also suchte sie jemanden, der Lust hatte, in das Geschäft einzusteigen. Und so kam Bruno hinzu, erzählt sie. „Er war kein Träumer, so nahm ich ihn. Bruno und Kathy suchen die Kunden, und wir produzieren, das war der Plan."

Wie arbeiten die vier heute zusammen? Die Olivenhaine gehören alle Edith, Bruno pachtet etwa zwei Drittel davon. Die Qualität muss von Bruno erhalten werden, das ist die Voraussetzung. Vier Olivensorten, die im Rahmen der AOC-Appellation erlaubt sind, bauen die Waton-Chaberts an, und es gibt drei weitere Sorten zum Verschneiden. Das sind aber maximal 20 Prozent des Bestands. Jede Olivensorte wird separat produziert, also kalt gepresst und abgefüllt. Um die Mühle auszulasten, wird aber auch fremdes Öl „in Lohn" gepresst und abgefüllt.

Renommierte Restaurants als „Vitrinen"

„Es gibt Kunden, die hierherkommen und das Öl in unserem kleinen Laden, ab Hof' kaufen. Leider kommen die vielen jungen Gäste, die früher immer die kleinen Flaschen gekauft haben, nicht mehr. Der Tourismus in dieser Region hat nachgelassen. Der Versand ist mittlerweile unser wichtigstes Geschäft, und die Degustations-Salons. Wir haben keine Händler, also Wiederverkäufer, weil die nicht besonders seriös sind", erzählt Edith. Das ist doch mal ein Prinzip!

Inzwischen kaufen die besten Restaurants das Öl der Moulin de Mas de Vaudoret: Le Croque Chou in Verquière zum Beispiel, Le Jardin des Sens der Gebrüder Pourcel in Montpellier und La Chassagnette südlich von Arles in der Camargue, wo wir auch noch hinfahren werden. So gibt es etwa zehn sehr renommierte Restaurants, die ihren Gästen erzählen, welches Vaudoret-Öl zu welchem Gericht passt. „Die Restaurants und auch die Salons sind für uns wie eine große Vitrine."

Das Olivenöl ist wirklich eine Offenbarung, ein Geschmack von grasig-grün bis süß-bitter, nach frischen grünen Oliven schmeckend, und das Öl in einer helltrüben leuchtend-gelben bis ganz leicht grünen Farbe. So etwas habe ich noch nie gesehen und geschmeckt! Ein Maler muss diese Olivenölfarben kreiert haben, wie Edith einmal sagte. Nicht ohne Ölproviant reisen wir zu unserer nächsten Bio-Pionier-Station, der Ferme des Saveurs südlich von Montpellier.

Olivenölqualität

Für 1 Liter Olivenöl benötigt man etwa 5 bis 7 Kilogramm Oliven. Beim Olivenöl gibt es vier Qualitätsstufen, die vom EU-Gesetzgeber definiert sind. Tropföl ist das Öl, das vor der Pressung aus den Oliven fließt, es gilt als das hochwertigste. „Natives Olivenöl extra" stammt aus einer schonenden Kaltpressung und darf maximal 0,8 Prozent Säure enthalten. „Natives Olivenöl" entsteht aus der zweiten Kaltpressung und hat maximal 2 Prozent Säure. Raffiniertes „Olivenöl" ist aus erhitztem, gefiltertem Olivenöl gemacht. Das zur Begrifflichkeit, die aber noch nicht viel über die wahre Qualität aussagt.

Beim Olivenöl wird nämlich häufig bei der Ernte stark mechanisiert und viel gepanscht, damit das Öl dann als „Natives Olivenöl extra" im Supermarkt für 4 bis 5 Euro pro Liter verkauft werden kann. Leider sind die Kontrollen unzulänglich. Das beste Olivenöl wird von Hand oder mit einem schonenden Handrüttelgerät geerntet. Je vorsichtiger man mit der Olive umgeht, je weniger die Früchte an der Oberfläche verletzt sind und je schneller man sie verarbeitet, also mahlt und zentrifugiert oder presst, desto hochwertiger ist das Ergebnis. Am besten ist es, wenn man sich entweder das gute Öl aus dem Urlaub mitbringt, es hält nämlich auch ungefiltert und unerhitzt sehr lange, oder man kauft hochwertiges Bio-Öl, das man einfach testet, indem man es „zischend" durch die Zähne zieht. Da entfaltet sich der Geschmack am besten. Schärfe und Bitterkeit sowie hellgrüne Trübheit sind Geschmack gebende Größen, und jeder muss für sich selbst entscheiden, was ihm schmeckt.

Nelly und Christophe Brodu
La Ferme des Saveurs, Villeveyrac,
Languedoc-Roussillon, Frankreich
http://saintfarriol.free.fr

Ziegen aus Überzeugung

Sie halten 100 Ziegen, weil sie sie mögen. Sie führen jedes Jahr Hunderte Kinder über ihren Betrieb, weil sie ihnen zeigen wollen, warum Bio besser ist. Sie sind politisch aktiv, weil es ihnen wichtig ist. Sie sind Aus- und Quereinsteiger und machen hervorragenden Ziegenkäse: Nelly und Christophe Brodu haben ihre Bestimmung längst gefunden.

Nelly und Christophe Brodu leben auf einem Hof bei Villeveyrac zwischen Montpellier und Béziers etwa 20 Kilometer von Sète am Mittelmeer entfernt. Es fängt gerade an zu regnen, als wir Samstagmittag bei ihnen ankommen. Villeveyrac liegt in der Mitte der Region Languedoc-Roussillon, die sich entlang der Mittelmeerküste bis zur spanischen Grenze erstreckt.

Auf ihrem Bauernhof, der Mas Saint Farriol, die sie in „Ferme des Saveurs" umgetauft haben, gibt es vor allem Ziegen, eine Ziegenkäserei und einen recht großen Hofladen. Es leben aber auch Schweine, Geflügel und Esel hier. Christophe ist der Ziegenhirte, und er hat zwei von ihm trainierte Hunde, die auf die Herde von 100 Tieren aufpassen und sie über die Straßen führen, wenn sie am Morgen und am späten Nachmittag von ihren Weiden zur Ferme des Saveurs, der „Farm der Düfte", zurückkehren. Hier werden sie täglich zweimal gemolken. Wir begleiten Christophe, als er die Tiere am Nachmittag von der Weide holt.

„Die Hunde hören auf unterschiedliche Sprachen", erklärt Christophe. Er spricht tatsächlich mit dem einen Spanisch, mit dem anderen Französisch! „So wissen die Hunde bei Befehlen, die ich ihnen gebe, immer, wer gerade gemeint ist." Nelly ist für die Produktion und den

Verkauf zuständig, Christophe für das Wohl der Ziegen und den Melkstand. Jedes Jahr kommen 800 Kinder hierher. Dieses Jahr waren es sogar 1400, alle aus der Region. „Information über Bio und die Arbeit auf dem Land ist wichtig für Kinder", sagt Christophe. Denn viele Leute fragen: Was ist denn eigentlich Bio? Die Ziegen fressen doch überall, das ist doch Bio, und Nelly erklärt ihnen den Unterschied.

Im Süden Frankreichs sei Bio noch nicht so verbreitet, und es gebe viele „Opportunisten", sagt Christophe. Ein Problem sei auch die „Chambre d'Agriculture", eine mächtige Interessenvertretung der Bauern. Aus ihr kommen häufig Aussagen wie „Bio verpestet die Umwelt mehr als die konventionelle Landwirtschaft" oder „Bio ist auch nicht besser, schließlich verwenden die auch Kupfer in den Weingärten" und ähnliche einseitige Behauptungen.

Es gibt die ausgewiesenen Natura-2000-Gebiete[9], eigentlich eine gute Sache, „aber die Agrar-Kammer modifiziert die Richtlinien nach eigenem Gutdünken", sagt Christophe. Er vermutet, dass die Kammer von der Agroindustrie kontrolliert wird, und spricht von einem „armement", einer technischen Aufrüstung der Landwirtschaft und einer fortschreitenden Chemikalisierung. Dagegen steht für ihn die „Agriculture vivrière", dazu gehören Polykultur, Bio-Landbau und essbare Landschaften. Damit weist er auf die Errungenschaften der Permakultur hin.

Warum Ziegen?

Die beiden haben eine Liste gemacht, welche Nutztiere sie mögen und welche nicht. Kühe haben hier keine Tradition. Zu Schafen haben sie „keine Beziehung", wie sie sagen. Christophe hat einen Ziegenhof in der Gegend besucht, der ihn sehr bewegt hat. Sie haben auch die Menschen hier in der Gegend gefragt, was sie gut fänden. Nelly sagt, dass Ziegen und das Käsen der Milch genau der richtige Beruf für sie sei. „Wenn ich Kranke pflegen müsste, würde ich immerzu weinen müssen", sagt sie.

Sie hatten auch über andere landwirtschaftliche Ideen nachgedacht, zum Beispiel eine Direktvermarktung von Obst und Gemüse oder einen Selbsternte-Garten für Kundinnen und Kunden. Aber die

---

9   Natura-2000-Gebiete sind gemäß den Vorgaben der Fauna-Flora-Habitat-Richtlinie 92/43/
    EWG errichtete Naturschutzgebiete der Europäischen Union zum Schutz gefährdeter wild-
    lebender heimischer Pflanzen- und Tierarten und deren natürlicher Lebensräume.

Die Ziegen sausen in den Melkstand, um dort gemolken zu werden. Die Milch fließt direkt in den Käsekessel der Käserei.

Vorstellung, dass die Leute das Gemüse zertreten, gefiel ihnen auch nicht. Angefangen haben sie mit 45 Ziegen, aber der Kredit für das Haus ließ sich mit dieser geringen Anzahl nicht zurückzahlen. Mit 100 Tieren können sie sich gerade einen Mitarbeiter leisten und ein bisschen Gewinn machen. Ich frage Christophe, was denn passieren würde, wenn man noch mehr Tiere hielte. Er antwortet sehr präzise: Erstens bräuchte man mehr anzupachtende Fläche für Weiden und Futter, wenn man nicht Futter ankaufen möchte, zweitens gäbe es mit mehr Tieren weniger Rotation, also Weidewechsel, was die Qualität der Milch mindern würde, und drittens sei es ein gutes Gefühl, jetzt mit dieser Größe ein Gleichgewicht gefunden zu haben.

Die Brodus haben mittlerweile vier Ziegenrassen: Das „Alpin Chamoisé", die braune Ziege mit dem schwarzen Streifen auf dem Rücken, ist eine sehr gängige und hübsche Rasse. Das beliebte „Alpine Saanen" kommt, wie der Name schon verrät, ursprünglich aus der Schweiz und ist ganz weiß. Das „Poitevine" ist schwarz und hat eine helle Zeichnung. Es stammt, wie der Poitou-Esel, aus der Nähe von Poitiers. Und schließlich noch das „Provencale", das meistens braun ist, das es aber auch in allen möglichen anderen Farben gibt. Das sind alles „bêtes rustiques", also alte reine Rassen.

Christophe weiß, dass Ziegenmilch viel kleinere Moleküle aufweist als Kuhmilch, und deshalb lässt sich diese besser verdauen. Dass Ziegenmilch viel besser verträglich ist als Kuhmilch, ist einer der Gründe, warum Nelly und er sich entschieden haben, Ziegenkäse herzustellen.

Handarbeit in allen Reifestadien

Zweimal am Tag wird gemolken und die Milch direkt mit Lab geimpft, dann etwa 24 Stunden in einem großen Behälter bei Zimmertemperatur ruhig stehen gelassen, bis sich die milcheigenen Kulturen ausgebreitet haben und sich die Milch verdickt hat, respektive die Molke angefangen hat, auszutreten. Die Molke hat hier den schönen Namen „petit lait" und wird an die Schweine verfüttert, nachdem sie in den kleinen Formen aus dem sogenannten „Bruch" gelaufen ist: Es gibt Formen-Batterien für kleine Käse, die Ziegenfrischkäse, und Formen für Tomme, der hier auch hergestellt wird. Die Formen werden geschlossen, mindestens zweimal in Lake gesalzen und alle vier Stunden gedreht. Anschließend kommen die Käse, nachdem sie aus der Form genommen wurden, auf Mettallgitterhorden, die man aufeinander stapeln kann, und samt diesen auf Rollwagen in die Reifekühlung, die „salle de finage". Hier ist es kalt, und durch die Kälte trocknet der Käse. Es gibt verschiedene Affinagen, also Reifegrade, bei den „Lactiques", das sind die Ziegenfrischkäse: Nach drei Tagen wird er als „frais", nach drei Wochen als „demisec" und nach drei Monaten als „sec" verkauft. Es gibt ihn auch mit Aschenrinde und Sesamhülle, wenn er durchgereift verkauft wird. Alle Chargen sind mit laufenden Nummern markiert, um für den Fall der Fälle eine Rückverfolgbarkeit auf den Melktag zu haben. Laufend müssen die Käse bakteriologisch untersucht werden, denn an Rohmilchkäse wird auch in Frankreich ein hoher Hygienemaßstab angelegt. In der Regel passiert aber nichts, da die Rohmilchkäse in sich schon eine bakteriologische Stabilität haben, weil ja nichts abgetötet wurde. Der Tomme wird etwa zwei Monate alt. Für die Herstellung eines Käselaibs mit etwa 1 Kilo Gewicht braucht man 9 Liter Milch. Seit kurzem produziert Nelly auch Joghurt aus Ziegenmilch in verschiedenen Geschmacksvarianten, etwa Crème caramel oder diversen Frucht-Variationen.

Christophe und Nelly, die Aussteiger

Christophe hat mit neunzehn Koch und Metzger gelernt und den Zivildienst absolviert. Nelly hat Sozialarbeit studiert, lange Jahre aber vor allem im Verkauf gearbeitet. Beide würden das wieder so machen, sagen sie. Christophe ist Präsident des regionalen Anbauverbandes CIVAM: „Centre d'Initiative pour la Valorisation de l'Agriculture au Milieu rurale". Dort wird eine landwirtschaftliche Praxis bevorzugt, die sich „Agriculture durable" nennt, was in etwa nachhaltige oder „haltbare" Landwirtschaft bedeutet. Es ist schwer zu sagen, was „gute bäuerliche Praxis" ist, von der ja auch bei uns immer die Rede ist. Deshalb findet Christophe den Begriff „durable" treffender. „Dieser schließt den Menschen, die Tiere, den Boden, die Luft und das Wasser mit ein." Im Verband ist er oft damit beschäftigt, zerstrittene Parteien zusammenzubringen. „Sturköpfe gibt es auf beiden Seiten."

Widerstand leisten

Nelly und Christophe fühlen sich als Teil einer größeren Bewegung, die Respekt für die Umwelt hat und die zusammenhält. Sie sind große Fans von José Bové, dem berühmten französischen Aktivisten, der 1998 Attac mitbegründet hat und der auch lange Zeit Greenpeace-Aktivist war.

Die berühmten Ziegenkäse gibt es in drei Reifegraden: frais, demisec und sec, also frisch, halbtrocken und trocken. Gemeint sind die verschiedenen Affinage-Stadien. Es gibt ihn jeweils in den Ausfertigungen natur, mit Aschenrinde und mit einer Sesamhülle.

Bekannt wurde er 1999 durch eine spektakuläre Aktion gegen die Strafzölle der USA etwa auf Roquefortkäse – eine Vergeltungsmaßnahme für das französische Importverbot von genetechnisch manipuliertem Saatgut und Nahrungsmitteln aus den USA. Protestierende Bauern zerstörten eine McDonald's-Filiale, und Bové wurde für drei Monate ins Gefängnis gesteckt, weil man ihn für den Drahtzieher hielt. In der Folge kam es zu starken Verstimmungen zwischen den USA und Frankreich, die Amerikaner hielten das ihrer Meinung nach zu geringe Strafmaß für „Anti-Amerikanismus". Später musste Bové wegen der Zerstörung eines Genmais-Feldes im Rahmen einer sogenannten Feldbefreiung erneut für vier Monate ins Gefängnis. Das war 2007. Dominique, ihr Metzger aus der Nachbargemeinde, der für sie die „Charcuterie", hat lange mit Bové zusammengearbeitet. Man spürt ihren Stolz, wenn sie das erzählen.

Zeit für Käse – und für Genuss

Am Abend, bevor wir fahren, essen wir gemeinsam. Auch die Eltern von Nelly sind gekommen, Robin und eine junge Praktikantin aus Deutschland sitzen mit am Tisch. Wir laben uns an den geschmackvollen Käsen, die wir aus dem kleinen Laden geholt haben, in dem es Wein, Honig, Marmeladen, Kräuter, Schinken, Wurst und allerlei mehr in Bio-Qualität aus der Region gibt.

Jeden Sonntag fahren Nelly oder Christophe zum Erzeugermarkt nach Antigone, einem Stadtteil mitten in Montpellier. Der Markt ist sicher einer der besten und größten Erzeugermärkte in Südfrankreich – mit Fleisch, Geflügel, Fisch, Gemüse, Käse in jeder Form, ich habe ihn schon vor Jahren einmal besucht. „Es geht auch darum, den Menschen zu zeigen, dass wir hier ganz in ihrer Nähe sind", sagt Christophe. Außerdem trifft man sich mit Gleichgesinnten und Freunden, und wenn noch Zeit ist, geht man nach dem Markt mit ihnen auf einen Kaffee oder ein Gläschen Wein in eines der vielen Cafés in der Innenstadt, um sich auszutauschen, bevor man wieder die 15 Kilometer heimfährt, wo die Ziegen und die Arbeit rufen.

Ziegenmilch

Immer mehr Menschen ziehen Ziegenkäse dem Kuhkäse vor. Das hat mit der gesundheitlichen Wirkung von Ziegenkäse zu tun, aber auch mit dem gestiegenen Angebot an Bio-Ziegenkäsen. Überall in Europa wurden in den vergangenen Jahren zunehmend Ziegenhöfe mit eigenen Käsemanufakturen, wie ich sie in Südfrankreich besucht habe, gegründet. Schon Hippokrates hat von der heilenden Wirkung der Ziegenmolke berichtet. Ein Inhaltsstoff namens „Ubichinon 50" (Coenzym Q10) ist für die Stärkung der Zellfunktionen gut, soll also auch präventiv vor Krebsleiden schützen. Kuhmilchallergi-

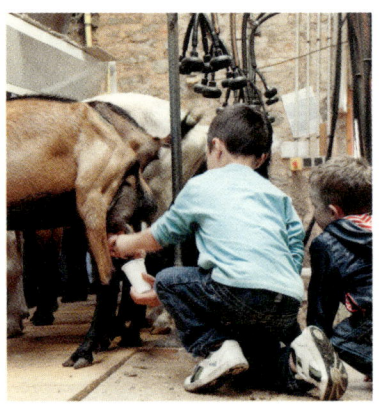

ker haben erfolgreich auf Ziegenmilch umgestellt, weil die Eiweißmoleküle in der Ziegenmilch kleiner sind und die Zellmembranen im menschlichen Körper besser passieren können, es also nicht zu Ablagerungen im Körper kommt, die zu Allergien führen können. Das lange Leben der Menschen auf dem Balkan wird auf gesäuerte Ziegenmilch (Kefir) zurückgeführt, die von den Menschen dort gerne getrunken wird.

Permakultur

Als Permakultur bezeichnet man ursprünglich eine Landwirtschaft, die mit möglichst wenig Input – Arbeit, Dünger, Maschineneinsatz und Ähnlichem – auskommt. Abgeschaut hat man sich diese stabile kreislauforientierte Naturwelt in den noch verbliebenen ursprünglichen, unzerstörten Ur-Gebieten dieser Welt. Zu den Maßnahmen, die zu einer Permakultur gehören, zählen unter anderem: möglichst viele mehrjährige Pflanzen, die man nicht jedes Jahr neu ansäen muss, etwa Nuss- und Obstbäume, Polykultur, also Mischkulturen zur besseren Eindämmung von Schädlingen und Krankheiten, freilaufende Tiere das ganze Jahr über, damit man weder Futter noch Mist transportieren muss, und eine stabile Wasserversorgung durch Retentionsbecken, das sind in die Landschaft eingefügte Regenwasser-Auffangbecken, die den Boden auch in Dürreperioden feucht halten. Permakultur ist eigentlich mehr ein Denkprinzip, als landwirtschaftliches System wurde es vor 30 Jahren von Bill Mollison in Tasmanien entwickelt. Heute reicht es in alle Bereiche kultureller Gestaltung hinein, wie Städtebau, sozial stabile Gesellschaftsstrukturen, Energieversorgung und Landschaftsplanung. Im Grunde ist der Begriff „Permakultur" ein Vorläufer des Begriffs „Nachhaltigkeit".

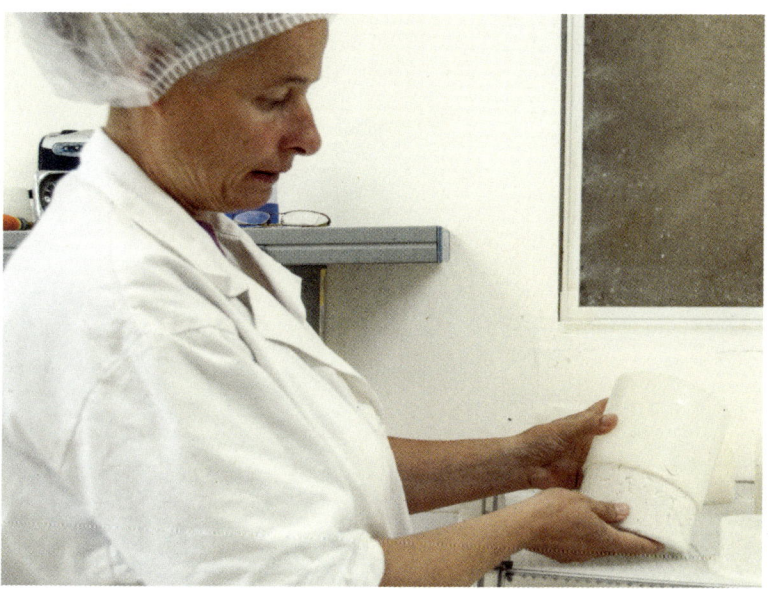

Maja Hoffmann, Robert Bon,
Armand Arnal
Heureuse Camargue, Bongran und
La Chassagnette, Arles, Camargue,
Frankreich
www.biocamargue.com,
www.chassagnette.fr

Die glückliche Camargue

Rund um Arles ist dank des Engagements von Maja Hoffmann das Bio-Paradies „Heureuse Camargue" entstanden. Hier baut Robert Bon weltbekannten Bio-Reis an. Und nebenan steht das mit einem Stern ausgezeichnete Bio-Restaurant „La Chassagnette", in dem Armand Arnal kocht, was in den riesigen Gärten ums Haus wächst.

Die Camargue ist eine der berühmtesten und bekanntesten Naturregionen der Welt. Aber auch eine der empfindlichsten. Hier zwischen dem Hauptstrom der Rhône im Osten und den vielen kleinen Inseln im Westen um Saintes-Maries-de-la-Mer, wo jährlich die berühmten Feste der Sinti und Roma stattfinden, kommt der bekannte Camargue-Reis her, gibt es das tolle Meersalz von der Salin de Giraud, leben die weißen Camargue-Pferde und die schwarzen Camargue-Rinder, mit den Hörnern nach oben und nicht nach vorne wie bei den spanischen Stieren. Die Camargue hängt sprichwörtlich am Tropf der Rhône: Wenn diese wenig Wasser führt, fließt salziges Meerwasser in die Ausläufer der Rhône und durchflutet auch die Bewässerungskanäle der fruchtbaren Flächen und der Reisfelder – was in extremen Zeiten den Kollaps ganzer Ernten und langfristig die Versalzung der Böden zur Folge hat. Der Klimawandel macht das alles noch unberechenbarer. Als wir die Camargue besuchten, sahen wir unterwegs Warnungen, dass die Rhône zu wenig Wasser führe. Die Camargue ist seit 1977 eines der etwa 570 UNESCO-Biosphärenreservate weltweit, das 2006 noch einmal erweitert wurde.

Maja Hoffmanns Heureuse Camargue

Die Gruppe, die sich Heureuse Camargue nennt, hat es sich zur Aufgabe gemacht, der Camargue zu einer guten und dauerhaften ökologischen Wirtschaftsbasis zu verhelfen, von der aus sich die Region entwickeln kann. Der Zusammenschluss wurde vor einigen Jahren von Maja Hoffmann ins Leben gerufen, einer Schweizerin, die hier in Arles geboren wurde und mit ihren Brüdern und Schwestern zur Schule ging, bis sie etwa vierzehn war. Hoffmann, Erbin des Hoffmann-La-Roche-Konzerns, hat ihre Liebe zur Camargue in diesen Jahren entwickelt und es sich zur Lebensaufgabe gemacht, den Menschen hier zu helfen. Unter anderem tut sie viel auf dem Gebiet der Förderung der Kunst – sowohl in Arles, wo sie einen „Parc des Atéliers" gegründet hat, als auch in Zürich und der Schweiz, wo sie mit ihrer Stiftung LUMA Kunst- und Filmprojekte, kulturverbindene Kunstausstellungen und weltumspannende Projekte zwischen Kunst und Umwelt realisiert. Seit 2010 ist sie auch Trustee der Tate Modern in London.

Maja Hoffmann ist hier aufgewachsen, weil schon ihr Vater Luc Hoffmann häufig hier war und sich in die Landschaft verliebt hat. Er hat viel für das Land getan, unter anderem schon 1956 die Ökostation und den dort noch heute bestehenden Tour du Valat, der der Vogelbeobachtung dient, finanziert. Die Station spielte eine wichtige Rolle in der Umweltschutzentwicklung der Camargue.

Mitten im Parc Nationale und dem Biosphärenreservat Camargue, einem der sieben in Frankreich, liegen die Flächen für den Bio-Anbau, und an deren nördlichem Rand die reisverarbeitende Firma SARL Bongran, die Robert Bons Vater 1960 gegründet hat, das Reismuseum von Robert sowie das beeindruckende Sterne-Restaurant „La Chassagnette" mit seinen eigenen Gemüsegärten drum herum.

Die Aktivitäten der Gruppe Heureuse Camargue umfassen sämtliche landwirtschaftlichen Bereiche, für die die Camargue berühmt ist: biologischer Getreide- und Reisanbau, deren Weiterverarbeitung und Vertrieb durch Bongran, die Zucht der berühmten Camargue-Stiere, und zwar vom Bio-Betrieb und mit AOC-Appellation, dann das SCEA auf der Domaine de l'Armellière und das Reis-Projekt auf dem Hof „Mas de Nans", zwei Forschungsinstitute, die sich mit kulturell geprägten Inhalten, u. a. der richtigen ökologischen Landwirtschaft für die Camargue, befassen. Maja Hoffmann kauft die berühmten Manaden, das sind die Tierzuchtbetriebe für die Pferde und Stiere in der Camargue, sobald ein Besitzer verkaufen möchte, und integriert sie in ihr Projekt „Heureuse Camargue". Das Bonbon unter den diversen Aktivitäten ist sicher das Restaurant „La Chassagnette".

Leider habe ich Maja Hoffmann noch nicht kennenlernen dürfen. Wir besuchen Robert Bon bei Bongran und das „Chassagnette" mit Küchenchef Armand Arnal und Gartendirektor Claude Pernix.

Robert Bon, der Reis-Guru

SARL Bongran ist die Firma, die den Bio-Reis und das Bio-Getreide verarbeitet und in Säcke abfüllt. Sie liegt unweit von Arles und in der Nähe des „Chassagnette" im Biosphärenreservat. Hier wird auch der rote Bio-Reis, für den die Camargue berühmt ist, verarbeitet. Wir werden durch die großen Siloanlagen geführt, viel ist hier nicht zu sehen – aber zu spüren, wenn man weiß, dass dies das Ergebnis der Bemühungen der Familie Bon für die Camargue ist.

Robert besuchen wir in seinem Reismuseum in einer alten Zugreparaturwerkstatt mitten in der Camargue. Er ist das Urgestein des Reisanbaus hier, der den für die Camargue typischen Reis auf Bio umgestellt hat. In seinem Museum hat er die Geschichte des Reises nachempfunden: eine Reise durch die letzten 100 Jahre des Reisanbaus, die vom Stolz der Reisbauern erzählt, von den großen Reisfesten in Arles und von den jährlich auserkorenen Reisköniginnen. Tausende Fotos zeugen davon und illustrieren die Geschichte und die Welt des Reisanbaus, des Reishandels, wie die Bauern gelebt haben, wie sich die Anbaumethoden verändert haben, erste Reisschälmaschinen sind ausge-

Die Camargue ist berühmt für ihren Reis. Dazu wird das Süßwasser aus dem nahe gelegenen Rhône-Delta in Plantagen geleitet. Wenn die Rhône wenig Wasser führt, kann es passieren, dass salziges Meerwasser in die Mündung fließt, dann müssen alle Kanäle abgesperrt werden.

stellt, und auch kleine Geschichten zur Zubereitung von Reis, altes Kochgeschirr, alte Rezepte. Interessant ist auch der Austausch mit Reisbauern in Asien: Die gegenseitigen Besuche und Unterrichtungen sind auf vielen Fotos festgehalten.

Robert Bon ist ein Original der Camargue und ein lustiger Kerl mit einem riesigen Schnauzbart. Von den Hoffmanns spricht er mit gro-ßem Respekt. Majas Vater hatte das Gebäude der „Banque de France" in Arles gekauft, damit fing alles an. „Frau Hoffmann interessiert sich nicht für Glamour, Autos und Kleider." Er schwärmt auch vom „Chas-sagnette", von dem großen Kunstwerk aus Schokolade, das es dort gibt, und dass dort viel investiert wurde. Vor fünf Jahren wurde neu gebaut, und nun schon wieder.

Roberts Vater war der wichtigste Händler für Camargue-Reis und der erste, der schon 1963 Vollkornreis verkauft hat. Das war das Ergeb-nis eines Besuches und einer Anfrage der Firma Lima aus Deutschland, die wir als echte Pionier-Firma im Bio-Bereich kennen und die bis heute sehr qualitätsgetrieben und erfolgreich ist. Auch andere Reis-Produkte in Bio-Qualität und diverse Duftreise sowie Pasta aus Reis haben die Bons vorangetrieben.

Bio und besternt: La Chassagnette

Das Restaurant auf der Domaine de l'Armellière gleich neben dem gleichnamigen Schloss der Familie Hoffmann hat Maja Hoffmann gegründet. Sie hatte einmal einen ähnlichen Restaurantgarten auf Kreta besucht, der sie sehr inspirierte. Ihre Vision war es, in der Ca-

Das Bio-Restaurant mit einem Michelin-Stern liegt mitten in der Camargue südlich von Arles. Das Besondere an ihm ist, dass es sich von Frühjahr bis Herbst ausschließlich mit Gemüse und Beeren aus eige-nem Anbau versorgt. Amand Arnal ist der Koch, Claude Pernix der Gärtner – ein Zu-sammenspiel, das es kaum mehr gibt.

margue etwas Vergleichbares zu schaffen. Im Jahre 2001 hat sie das realisiert: ein schönes altes camargue'sches Steinhaus mit einer großen Terrasse mit Pergolen, die mit blühenden Pflanzen bewachsen sind und durch die die Sonnenstrahlen blitzen, einfache große, weiß gedeckte Holztische, Klappstühle und Holzbänke, an denen alle gemeinsam sitzen können. Mit frischen Speisen, deren Zutaten aus den Gärten drum herum superfrisch geerntet und verarbeitet werden und ohne Schnickschnack in einer puristischen Art und Weise auf den Tisch kommen. Reis aus den eigenen Bio-Plantagen, Ochsenfleisch von den Camargue-Tieren und Fisch aus dem nahe gelegenen Meer, das war Maja Hoffmanns Traum.

Das Bio-Restaurant-Image ist traditionell schlecht. Einfallslose, geschmacklose und unschöne Gerichte in langweiligen Restaurants gibt es häufig, da war Platz für etwas Neues, Organisches, Frisches, Lebendiges. Die Gäste sollen ein außergewöhnliches Naturerlebnis und ein Gefühl von Gesundheit und Frische bekommen, wenn sie ins La Chassagnette zum Genießen kommen. „Sie sollen sich an einem wunderschönen Ort des Südens und gleichzeitig wie zu Hause fühlen", sagte Maja Hoffmann einmal in einem Interview.

Armand Arnal ist der dritte Chef und seit 2006 im „Chassagnette", vor ihm waren Edith und Manu Camacho da, die vor allem die Fischküche gepflegt haben. Dann Jean-Luc Rabanel, der das gastronomische Konzept weiterentwickelt hat, die ersten medienorientierten Aktivitäten entwickelte und die ersten Auszeichnungen holte. Armand kommt aus der Schule des berühmten Alain Ducasse, einem der wenigen Spitzenköche, die sich nicht scheuen, Bio ganz oben auf die Tagesordnung zu setzen und frei darüber zu sprechen. Seine Großeltern verkauften Gemüse auf den Märkten, das hat Armand geprägt – Frische und Saisonalität als Selbstverständlichkeit. Für ihn ist die Einschränkung, dass nur das auf den Teller kommt, was im Garten wächst, kein Problem, sondern eine schöne Herausforderung. Er liebt es, einen Teller wie eine Farbpalette anzurichten, aus Farben, die der Garten gerade hergibt. De la terre – à l'assiette! Aus der Erde – auf den Teller. „Die Liebe zum richtigen Produkt zum richtigen Zeitpunkt", so Armand. Für ihn steht das saisonale Gemüse im Vordergrund und liegt deshalb immer „in der Mitte des Tellers". Der Fisch oder das Fleisch wird dann darum herum drapiert. „Die Zeit ist auch eine Zutat in meinen Speisen", sagt Armand, der hier 2009 seinen ersten Michelin-

Stern erkocht hat, und findet, dass dieser eher zum Garten als zur Küche gehört.

Claude Pernix ist seit vier Jahren Chef des voll bio-zertifizierten Gartens, der bis an die niedrige Mauer der großen Terrasse des Restaurants reicht. Also 20 Meter vor der Küche, wie Armand das ausdrückt. Mit drei Hektar ist der Garten sehr groß, und er liefert 250 Früchte-, Beeren- und Gemüsesorten. Außerdem rund 50 verschiedene Aromaten, wie Claude die Kräuter in der Küchen-Fachsprache nennt. Und prachtvolle essbare Blüten und überhaupt Blumen für das Gesamtbild, den Duft und das Auge, und für die Dekoration auf den Tischen im Restaurant. Im August werden Saubohnen, Erbsen, kleine Karotten, Basilikum, Rübchen und Radieschen, Mangold, Löwenzahn, wilder Rucola, Kresse und kleine Zucchini serviert. Mit Bergamotte und Minze abgeschmeckt.

La Chassagnette ist nicht nur ein Restaurant. Man kann durch die Gärten schlendern, den Duft der Blumen riechen, den der aromatischen Kräuter und Gewürze. Und man kann in die Bibliothek gehen, in der es eine umfangreiche Sammlung von Literatur zu ökologischen und politischen Themen gibt, zu Architektur und Kunst, und natürlich zum Thema Kochen. Es erinnert mich sehr stark an Sonnenhausen[10], wo wir auch einen Küchengarten haben, eine Bibliothek mit ganz ähnlichen Themen, und dieses umfassende Naturerlebnis um uns herum.

Auch Kinder und Jugendliche kommen häufig in Gruppen ins La Chassagnette. Bert van den Abele, mein Freund und Begleiter, war bereits mehrmals mit einer Gruppe junger Gastronomen und Köche in Ausbildung aus Köln hier.

Nach ausgiebigen Gesprächen mit Armand, Claude und Michel Mialhe, dem Serviceleiter des „Chassagnette", und natürlich einem guten Essen fahren wir erfüllt zurück nach Arles, wo wir erst einmal über die vielen Erlebnisse der letzten Tage sprechen müssen. Es ist schon etwas Besonderes, die Sache mit dem Küchengarten und der Gartenküche. Viele Restaurantbesitzer würden das bestimmt auch gerne machen, nur haben sie kaum die Möglichkeit dazu, sei es aus Platzmangel oder aus Mangel an Wissen. Fest steht: Frischer, ökologischer und schöner geht es nicht!

---

10 Sonnenhausen ist ein ehemaliges Gestüt mit 25 Hektar Weideland drum herum, etwa 30 Kilometer südöstlich von München, das meiner Familie gehört. Hier habe ich vor 15 Jahren ein ökologisches Tagungs- und Veranstaltungshotel gegründet, das eine eigene Bio-Landwirtschaft betreibt und das nur zwei Kilometer von Herrmannsdorf entfernt liegt.

Bio in der Gastronomie

Ich selbst habe mit meinem Freund Hermann Oswald vor über 16 Jahren einen Bio-Fachhandel für die Gastronomie gegründet, den Hermann inzwischen groß gemacht hat. Damals gab es nur kleine Endverbraucherpackungen mit Bio-Lebensmitteln, aber keine großen Gebinde. EPOS, so heißt die Firma, hat nicht nur einen exquisiten Vertrieb aufgebaut für alles, was es in Bio gibt (und das ist mittlerweile alles), sondern auch dafür gesorgt, dass die Hersteller Großverbraucherpackungen für ganz viele Bio-Produkte anbieten, etwa Sahne in 10-Liter-Eimern, Nudeln in 20-Kilo-Säcken oder Olivenöl in 5-Liter-Gefäßen. Bis vor ein paar Jahren waren die Küchenchefs und die Restaurant- und Großküchenleiter eher zurückhaltend, doch im Moment gibt es einen riesigen Boom. Zwar kann man laut EU-Bio-Verordnung als Gastronom nur einzelne Produktgruppen zertifizieren lassen, zum Beispiel Gemüse und Fleisch, man kann aber nicht zwischendurch Fleisch von einem konventionellen Metzger beziehen. Das ist für manche kleinen Restaurants, die gerne die Osterlämmer vom benachbarten Bio-Betrieb als „Bio" ausloben wollen, aber sonst konventionelles Fleisch anbieten, schwierig. Die Beratung, Kontrolle und Zertifizierung kostet ja Geld und lohnt sich nur, wenn man größere Bio-Schritte macht. Im Moment boomt die Branche, weil die Unternehmen und Behörden verstanden haben, dass die Gesundheit ihrer Mitarbeiter das größte Asset ist, und dass Bio-Ernährung eine von mehreren Möglichkeiten ist, diese Gesundheit zu fördern.

Michael und Martha Krieger
Riedenburger Brauhaus, Altmühltal,
Bayern, Deutschland
www.riedenburger.de

Größe ist anfällig

Michael Kriegers Familie braut seit Generationen Bier. Der innovative bayerische Braumeister behauptet aber trotzdem nicht, dass früher immer alles besser war. Stattdessen arbeitet er aktiv mit Getreidebauern und der Benediktinerabtei zusammen und sucht ständig neue Herausforderungen. Die werden dann häufig bei Verkostungen ausgezeichnet.

Im Mai fahre ich von Sonnenhausen nach Riedenburg im Altmühltal. Es ist mir eine große Freude, einmal zwei Tage in die außergewöhnliche Brauerwelt des Michael Krieger eintauchen zu dürfen. Nicht, weil ich ein leidenschaftlicher Biertrinker wäre, sondern weil mir die Riedenburger Brauerei aus meiner Zeit bei basic ein Begriff ist, und das Herrmannsdorfer Schweinsbräu nach den Herrmannsdorfer Originalrezepten mittlerweile dort gebraut wird. Es ist auch deshalb eine besondere Bio-Brauerei, weil in der räumlich recht beschränkten Brauerei viele Bierspezialitäten gebraut werden, und das Weißbier mit Sicherheit das beste Bio-Weißbier ist, das Bayern zu bieten hat.

Die Benediktinerabtei in Plankstetten gleich in der Nachbarschaft dient mir für die Nacht als Unterkunft, wie schon des Öfteren in der Vergangenheit. Die Abtei hat eine große Bio-Landwirtschaft, die in den vergangenen 15 Jahren unter dem ambitionierten Bio-Pionier Abt Gregor aufgebaut wurde. Sie baut auch die Braugerste an, die in Riedenburg verwendet wird. Die Bäckerei dort liefert ihr Brot seit 2002 in den basic-Markt in der Nürnberger City. Und die Klosterschenke schenkt das Riedenburger Bier unter dem Namen Plankstettener Bier aus. Für alles ist also gesorgt!

Brau-Tradition seit vier Generationen

Seit vier Generationen brauen die Kriegers in Riedenburg. Ganz früher gab es hier sechs Brauereien, heute nur noch eine. Großvater Michael Krieger und Vater Michael Krieger bauten 1936 ein Hotel, das heute noch oben über der Brauerei thront, und brauten fast nur Weißbier. Michael Krieger, der mit seinen leuchtenden Augen vor mir sitzt und seine Geschichte erzählt, kam in den siebziger Jahren ins Unternehmen. Zuvor hatte er BWL in Nürnberg studiert und in Weihenstephan seinen Braumeister gemacht. 1975 heiratete er Martha, die von einem Bauernhof stammt, mit beiden Beinen auf dem Boden steht und schon sehr früh Vorsitzende des „BUND Naturschutz" in Riedenburg wurde.

Es war seine Frau Martha, erzählt Michael, die Anfang der neunziger Jahre die treibende Kraft hinter der Umstellung auf Bio war, als der Biermarkt schon enger zu werden drohte und die großen Münchner Brauereien die kleinen regionalen Brauereien aus dem Markt zu verdrängen begannen. Die Krieger'sche Brauerei lief zwar gut, aber man musste vorausdenken und sich fit für die Zukunft machen.

Der Rhein-Main-Donau-Kanal, gegen den auch die Kriegers „in den Krieg gezogen sind", indem sie sich den Bürgerprotestbewegungen anschlossen, war für ihn ein Schlüsselerlebnis dafür, dass man als Kleiner gemeinsam mit vielen Kleinen viel auf die Beine stellen kann, obwohl der „Krieg" letztendlich verloren ging. Franz Aunkofer, ein sympathischer Bio-Bauer aus Kelheim, den ich noch aus Pionierzeiten kannte, war für Michael Krieger, genannt MK, ein wichtiger Gesprächspartner.

Michael Krieger prüft im Gärkeller den Alkoholgehalt des Emmerbieres. Wenn das Bier 5 Prozent Alkoholgehalt erreicht hat, wird es schnell heruntergekühlt, sodass die Hefen zu Boden sinken und das Bier in die Lagertanks gepumpt werden kann.

Er hat ihn zum Umdenken angeregt. Bis heute machen sie gemeinsam sorgfältige Feldversuche mit Einkorn und Emmer, zwei sehr alten Getreidesorten mit hohem Eiweißgehalt von 16 bis 18 Prozent. „Einkorn mit viel Beta-Karotin entwickelt auf dem Feld erst ein sattes Grün, mit der Reife wird es wunderschön goldgelb. Es entwickelt einen gelben Bierschaum und hat einen feinen Vanillegeschmack." MK ist in seinem Element. „Niedrige Getreidesorten mit kurzen Halmen sind für den Bio-Anbau nicht so gut geeignet, weil die Untersaaten nicht funktionieren, die bringen aber eventuell den Nährstoff für den Geschmack." Ich lerne bei der Begegnung mit MK viel über die Qualität des Bieres – und vor allem, wo diese Qualität ihren Ursprung hat: nicht in der „Technologie", sondern im Rohstoff und auf dem Feld.

Mönche als erste Bio-Bier-Fans

1993 begann es mit den ersten zwei Bio-Bieren, und 1994 wurde voll auf Bio-Produktion umgestellt. Aber es gestaltete sich zu Beginn schwierig: „Durch die Auslobung von ‚Bio' auf den Etiketten haben wir erst mal viel Umsatz verloren." Schon damals gab es das erste Dinkelbier bei Riedenburger! Mit dem Kloster Plankstetten hat MK in den Folgejahren intensiv an der Geschmacksqualität gearbeitet, was vornehmlich mit der (gekühlten) Lagerung des Braugetreides zu tun hatte. Überhaupt war der Absatz über das Kloster ein Segen: „Ohne die Mönche hätten wir das nicht geschafft." Bis heute hat die Riedenburger Brauerei vornehmlich im Naturkost-Fachhandel zugelegt, weniger in den Wirtshäusern. Obwohl einige Wirtshäuser die Umstellung auf Bio mit vollzogen haben. Dennoch war es keine einfache Zeit. Die Kinder mussten in der Schule ertragen, dass die Kriegers die Bio-Spinner genannt wurden, die bald pleite machen würden.

Aber es ging doch. Heute ist die Brauerei sehr gut in der Region verwurzelt, mit langfristigen Verträgen mit den Bioland-Bauern und deren Verband. „Braugerste ist knapp, und es gibt keinen Markt für Emmer und Einkorn. Da muss man sich schon selbst dranmachen und mit den Bauern verhandeln", so MK. Insbesondere für den Aufbau seines regionalen Netzwerkes bekam er 2003 von Renate Künast, der damaligen Ministerin für Verbraucherschutz, Ernährung und Landwirtschaft, den Innovationspreis verliehen. Ein gutes Beispiel für einen Produktionsverbund, der die Region stärkt und langfristig verlässliche Wirtschaftsbeziehungen ermöglicht.

Mehrfach ausgezeichnete Raritäten

Das „Historische Emmerbier" aus Riedenburg wurde 2012 auf „Bayerns größter Bierverkostung" beim 2. Hallertauer Bierfestival mit den Stimmen der 13.000 Festivalbesucher mit deutlichem Vorsprung als „Hallertau's Liebling" gewählt. Und der bayerische Landwirtschaftsminister Helmut Brunner hat das Bier auf der Internationalen Grünen Woche Berlin 2012 als „bestes bayerisches Bio-Produkt" ausgezeichnet.

Das Tüfteln mit Bio-Gerste und die Qualitätssicherung gemeinsam mit den Bauern war immer schon MKs Steckenpferd. Die Qualitätsvorteile bei der Bio-Gerste waren schnell klar: direkt beim Bauern kaufen – Spekulation bekämpfen, also Preisverfall beim Erzeuger und nach oben zeigende Preisausschläge für den Brauer verhindern – Qualitätsansprüche gegenüber den Bauern aufrechterhalten. Das geht nur, wenn man ein regionales Lieferungs- und Qualitätssicherungsprojekt hat. Dabei sind die Kosten für die Qualitätssicherung hoch, nämlich 1,50 Euro pro Dezitonne, das sind 100 Kilogramm. Die Kosten werden unter Bauern und Brauerei fifty-fifty aufgeteilt.

Nun kommt MK so richtig in Fahrt: Das Eiweiß im Getreide sorgt für einen guten Geschmack und Haltbarkeit. In der Industrie wird dem Bier das Eiweiß komplett entzogen und dann noch „brutal" filtriert – der Nährwert ist dahin. In Plankstetten wachsen sehr eiweißreiche Getreide. Die gerbstoffreichen grünen Blätter des Hopfens sorgen für ausreichende Haltbarkeit des Bieres, auch schon während des Alkoholisierungsprozesses, der durch einen genügend hohen Kohlenhydratgehalt (Maltosezucker) beschleunigt wird. Zur Bitterung der Biere wird in den großen Brauereien Hopfenextrakt verwendet – aber „ernährungsphysiologisch sind die heutigen Biere nichts wert".

Wann entspricht ein Bier dem Reinheitsgebot?

Für MK ist das Reinheitsgebot in der heutigen restriktiven Form mittelstandsfeindlich, weil es verhindert, dass kleinere Brauereien mit anderen Rohstoffen experimentieren. Das Reinheitsgebot schützt die Großen. „Ich bin für das Reinheitsgebot in seiner ursprünglichen Form, denn es entsprach der Verbrauchererwartung von Reinheit eines Nahrungs- und Genussmittels." Warum nicht mit untergäriger Hefe bei anderen Getreiden experimentieren? Warum nicht ein Radler ohne Alkohol? Die unsinnigen Reglements haben

Die Riedenburger Brauerei ist bekannt für ihre Bierspezialitäten. Neben Emmer und Einkorn wird auch Dinkel verbraut.

nichts mehr mit dem Gesundheitsschutz zu tun, der einst Vater des Gedanken war. Bitburger ist irgendwie zu einer Sondergenehmigung gekommen. Er, MK, wehrt sich, war schon beim Innenministerium in München und hatte einen Termin mit dem Landrat, um für seine Freiheit zu kämpfen, doch er hat bis heute noch keine Genehmigung bekommen.

Der Oberpfälzer Jura „ist eine begnadete Gegend für Getreide", auch Emmer und Einkorn. Man findet hier sandige Böden, hervorragend für eine extensive Bewirtschaftung geeignet. „Öko-Bauern sind schon eine Macht hier in der Region." Auch der Pionier Franz Ehrnsperger vom Neumarkter Lammsbräu kauft viel hier in der Gegend. Außerdem beginnt zehn Kilometer südlich des Altmühltales die Hallertau, eine Biergegend also. „Das Kloster hat großen Einfluss auf die Region. Man nennt es hier das grüne Kloster." Die Menschen in dieser Gegend waren immer wehrhaft, an die Befreiungskriege erinnert auch die Befreiungshalle in Kelheim, die der Walhalla an der Donau ähnelt.

In der Riedenburger Brauerei gibt es 15 Beschäftigte und drei Brauer-Lehrlinge, ein Mädel und zwei Burschen. Die Herausforderungen für die Brauerei sind für MK: die Vermittlung der Philosophie beim Konsumenten, die Sicherung der Qualität und die Durchdringung des Marktes. Die handwerkliche Positionierung muss immer sichtbar bleiben. „Man muss in Qualitätsstufen hineinwachsen, in die die Großen nie kommen." Diese Qualitätsstufe kann auch bei größerem Ausstoß erhalten bleiben, aber es gibt eine natürliche Grenze nach oben, denn „Größe ist anfällig".

Mit dem Rohstoff und seinen Erzeugern beschäftigen

Ökologisches Wirtschaften verlangt kleine Einheiten. Und ökologische Qualität umfasst nach MK eine konsequente Verbraucherorientierung und eine soziale Einbindung in unsere Gesellschaft. „Das fängt mit der sozialen Gerechtigkeit im eigenen Betrieb an und geht mit Umwelt- und Ressourcenschutz-Themen weiter." „Es ist ein Erlebnis, bessere Qualität herzustellen, ein erhebendes Gefühl für mich", so MK. „Und Bio heißt, dass ich mich aktiv mit dem Rohstoff beschäftige, quasi über den Rohstoff das Bier gestalte." Und dann das Erfolgserlebnis mit dem Dinkel in Zusammenarbeit mit Abt Gregor in Plankstetten: „Wie mild und bekömmlich diese Biere sind!" Dann kamen Einkorn und Emmer, dessen Ähren so auffallend violett reifen. Eine Augenweide!

„Industrielle Fertigung hat die Tendenz zur Qualitätsverschlechterung", so drückt es MK vorsichtig aus. Er ist ein feiner Mann, er poltert nicht. „Lidl kann offensichtlich schlechte Qualität vermitteln." Dabei würde das Ansehen des Bieres durch Firmen wie Warsteiner kaputtgemacht: „Jeder Kasten unter 10 Euro, das ist nicht nachhaltig." MK hat auch ein positives Beispiel parat, das Frankfurter Brauhaus in Frankfurt an der Oder sei ein „Musterbeispiel für Bierkultur". In der Region kaufen Edeka, Rewe und ein kleiner Kaufland-Laden bei Riedenburger. Manche Supermärkte, die weiter weg sind, zum Beispiel in Nordrhein-Westfalen, werden über Großhändler bedient, aber leider ist die Belieferung nicht konstant, die Logistik schwierig und der Preisdruck nicht zu unterschätzen.

„Aber es erfüllt mich mit großer Zufriedenheit, wenn man es geschafft hat, nach all der Zeit und Mühe." Es ist auch befriedigend zu sehen, wie sich der Horizont der Brauerei erweitert hat. Alles ist weltoffener geworden, im Verkaufsbüro müssen viele Sprachen beherrscht werden, es sind so viele Innovationen getätigt worden, und auch die Kinder von MK und Martha gehen in diese Richtung, arbeiten und studieren in allerlei Ländern und bringen Ideen mit in die Oberpfälzer Heimat. Das Ansehen der Brauerei in der Region ist hoch: „Es gab auch schon Kaufanfragen."

Eine Königin in der Familie

Martha und Michael haben vier Kinder zwischen 26 und 34. Die beiden ältesten Söhne, Max und Tobias, sind Braumeister, Tobias hat studiert, Max arbeitete in allen renommierten Brauereien und heute in Italien. Maria und Michael, der Jüngste, sind auch auf dem Weg der Eltern. Es wird sich bald entscheiden, in welcher Konstellation die Nachfolge bewerkstelligt wird. Übrigens ist die charmante und eloquente Maria im Frühjahr 2013 zur Bayerischen Bierkönigin gewählt worden. Sie darf für ein Jahr die bayerische Braukunst und Tradition in die Welt hinaustragen. Es ist ein gutes Zeichen, dass die Bierkönigin aus einer Bio-Brauerei stammt!

Der Münchner Dokumentarfilmer Bertram Verhaag von der DENK-mal-Film hat einen Film über die Kriegers gemacht, der schon mehrmals im bayerischen Rundfunk gezeigt wurde und als DVD zu kaufen ist. Über den Zeitraum von einem Jahr wurde gedreht. Der Film zeigt die Verwobenheit der Brauerei mit dem Land und der Landwirtschaft um sie herum, das Spiel der Jahreszeiten.

Dem Bier den Nahrungsmittelcharakter wiedergeben, das ist die große Lebensaufgabe des Michael Krieger. Er ruft seinen Braumeister, Herrn Seitz, zu sich, einen sympathischen Mann mit einem Haufen Bio-Brauerfahrung im Gepäck: Er kommt vom Neumarkter Lammsbräu und ist seit zehn Jahren hier in Riedenburg Braumeister. Er arbeitet mit MK an der Lebensaufgabe, die auch seine ist: nahrhafte, vielfältige und wohlschmeckende Biere zu machen. „Braumeister!", ruft MK seinen Meister, „lassen Sie uns zur Bierprobe schreiten!"

Erweitertes Reinheitsgebot

Das deutsche Reinheitsgebot besagt zwar, dass nur Malz, Hopfen, Wasser und Hefe in das Bier dürfen, aber es besagt nicht, wie diese beschaffen sein müssen. Bio-Bier ist aus 100 Prozent Bio-Rohstoffen gebraut, in Riedenburg wird auf sämtliche Filterverfahren verzichtet, und es werden auch seltene Getreide wie Einkorn, Emmer und Dinkel zu Bier verarbeitet. Wasser wird nicht chemisch aufbereitet, und es werden anstatt Hopfenkonzentra-

ten echte Biohopfendolden und Hopfenpellets verwendet. Gentechnisch veränderte Zutaten sind verboten. Das wertvolle natürliche Eiweiß im Getreide und die Gerbstoffe aus Naturhopfen stabilisieren das Bier auf natürliche Weise.

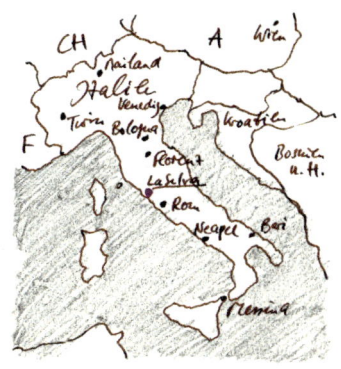

Karl „Carlo" Egger
La Selva, Toskana, Italien
www.laselva-bio.eu

Wahl-Italiener mit kulinarischer Mission

Karl Egger kenne ich als Lieferanten und Freund seit sehr vielen Jahren. Er ist Münchner und hat sich vor über 30 Jahren einen Traum erfüllt: einen eigenen Bio-Hof in der Toskana. Heute ist La Selva eines der größten und erfolgreichsten Bio-Projekte in Italien. Und La Selva ist eine der ältesten und angesehensten Bio-Marken überhaupt, geschätzt für Tomatenprodukte, Pesto, Antipasti und Wein.

Karl, genannt Carlo, ist Gründungsmitglied des Naturland-Verbandes, einem der wichtigsten Bio-Anbauverbände in Deutschland. Bei der Gründung vor genau 30 Jahren hat er den Verband unter seine Fittiche genommen. Bis heute ist Naturland in den Gebäuden von Karl Egger in Gräfelfing bei München untergebracht. Aus diesem Impuls erwuchs der Wunsch nach einer eigenen Farm.

Für mich ist es sehr wichtig, Carlo in meinem Buch zu haben, vor allem wegen seines mutigen und pionierhaften Engagements, aber auch, weil er trotz der beachtlichen Größe La Selvas die handwerkliche Qualität ehrt. Er ist ein feiner Denker und absoluter Qualitätsfanatiker, und er erinnert mich immer an Lionel Poilâne, den Bäcker aus Paris, der mit dem Prinzip der Retro-Innovation das Bäckerwesen revolutioniert hat und so wie Carlo ein glänzender Kommunikator war. Außerdem und nicht zuletzt ist Carlo seit gut zehn Jahren der gute väterliche Freund meines Sohnes Maximilian, der damals ein Praktikum bei ihm machte. Durch Carlos Vermittlung ist Max vor vier Jahren in das Wein-Geschäft in Amerika gelangt und bis zum heutigen Tag als Broker für etwa 40 italienische Weinproduzenten in Nord- und Mittelamerika tätig.

Karl „Carlo" Egger ist Münchner und hat sich vor über 30 Jahren in der Toskana einen Traum erfüllt. Der Qualitäts-Fanatiker hat sich nie von der konventionellen Industrie und dem Handel vereinnahmen lassen.

Carlo, der Hi-Fi-Freak

Carlo war einer der erfolgreichsten Unternehmer im Heimelektronikbereich. Elektro Egger, der Betrieb seines Vaters in der Gleichmannstraße in Pasing, war für uns ein Anlaufpunkt, wenn es um Langspielplatten und High Fidelity ging. Carlo war schon immer ein großer Jazz-Fan, deshalb gab es bei ihm in Pasing die erste und bestsortierte Plattenabteilung für Jazz und zeitgenössische Musik jenseits von Schlager und Popmusik. Damals, in den achtziger Jahren, kannte ich Carlo noch nicht, aber man fuhr mit der Trambahn vom Hauptbahnhof zum Pasinger Marienplatz, um zu Elektro Egger zu gehen. Es gab dort die beste Abteilung für Musikgeräte, damals hieß das noch nicht Hi-Fi. Carlo erzählt heute gerne, wie er die erste Hi-Fi-Abteilung in Europa aufmachte. Selbst Vertraute zeigten ihm den Vogel und meinten, so was brauche doch kein Mensch. Die Idee kam natürlich aus Amerika, und die ersten Geräte stammten auch von dort, später auch aus Japan, England und Deutschland. Dieser Pioniergeist Carlo Eggers setzt sich durch sein ganzes Leben hindurch fort.

Und er hat aus allem immer mehr gemacht: Aus Elektro Egger wurde Pro Markt, der erste großflächige Markt für Elektrogeräte für zu Hause. Eigentlich der Vorläufer von Media Markt, an den er Pro Markt später verkaufte. So wie aus seiner Teilnahme am Projekt Naturland La Selva erwuchs, hat er die Grundgedanken immer für innovative Unternehmen genutzt.

Carlo, der Jazz-Enthusiast

Aus der Jazzabteilung erwuchs ein eigenes Plattenlabel, das er mit Manfred Eicher vor ebenfalls über 30 Jahren startete: ECM, European Contemporary Music. Das machte er, weil er erkannt hatte, dass es kein anständiges Plattenlabel als Heimat für all die guten Musiker gab. Also krempelte Carlo wieder einmal die Ärmel hoch und gründete das Label. Bis heute sind Carlo und Manfred Eicher die Inhaber und das Label genießt Weltruhm, natürlich wegen der heute berühmten Künstler wie Jan Garbarek, András Schiff und Keith Jarrett sowie Tausenden anderen Musikern. „The Köln Concert" von Keith Jarrett verkaufte sich hunderttausendfach und brachte ECM am Anfang so richtig in Schwung.

Carlo, der Landwirt

Carlo war immer ein Genießer guten Essens und Liebhaber guten Weines. Sein Traum sollte nach dem Verkauf seiner Betriebe in München bald in Erfüllung gehen. Ihm war von Anfang an klar: Wenn er gute Produkte herstellen will, muss er zunächst die Landwirtschaft aufbauen. Das ist ganz ähnlich verlaufen wie in meiner Familie und Herrmannsdorf, wo wir auch gemerkt haben: Wenn wir gute Fleischerzeugnisse herstellen wollen, müssen wir uns zuerst um eine vernünftige und hochwertige Landwirtschaft und Tierhaltung kümmern. Das tat er dann, zunächst auf kleiner Fläche, auf La Selva, mit seinem bis heute wichtigsten Zweig, dem Bio-Anbau von Tomaten und Basilikum für sein Pesto. Dass alles aus einer Hand ist, garantiert gleichbleibende Qualität und Sicherheit: Alles wird auf La Selva gepflanzt, gepflegt, geerntet und verarbeitet.

Carlo, der Antipasti-Fabrikant

Sein großes Steckenpferd ist allerdings die Fertigung guter Antipasti wie eingelegte Artischocken, geröstete Zucchini-Scheiben, eingelegter Rosmarin, Pomodori Semisecco, getrocknete Tomaten und Paprika, diverse Gemüsecremes, diverse Pestos wie das Verde Pesto,

Auf La Selva wird das Leben gelebt. Die Produkte drehen sich rund um die traditionellen italienischen Gerichte, Antipasti, Tomaten, Pasta, natürlich Wein und auch Kaffee.

das Pesto Rosso und vieles mehr. Das Confit di Peperoncino hat es mir besonders angetan. Und dann kommt ein typischer Carlo-Spruch: „Eigentlich verdient man kein Geld mit diesen kleinteiligen Antipasti, viel zu teuer mit viel Handarbeit erzeugt, viel zu kleine Mengen – aber ich liebe sie und deshalb mache ich sie weiter. Wer soll denn sonst unverfälschte natürliche Produkte machen?"

Carlo, der Wahl-Italiener

Er verband sich mit der Landschaft der Toskana so sehr, dass er sogar dort heiratete und zwei Töchter bekam, die übrigens heute mit ihm auf La Selva arbeiten. La Selva, zwischen Grosseto und der Halbinsel Orbitello an der Kreuzung der beiden Strade Provinciali Osa é San Donato drei Kilometer vom Mittelmeer entfernt gelegen, ist eigentlich ein kleiner alter toskanischer Bauernhof aus dem 16. Jahrhundert mit einem großen Gewölbe im Erdgeschoß, etwa 25 Meter lang, und mehreren Zimmern im ersten Obergeschoß. Das ist die Keimzelle.

Aus den ursprünglichen 345 Hektar sind inzwischen weit über tausend geworden, weil Carlo viel Land in der Region zukaufen konnte, zum größten Teil Weideland, aber auch extensive Naturschutzflächen.

Carlo, der Tomatenkönig

In den folgenden Jahren wuchs sein Geschäft stetig. Im Laufe der Jahre hat Carlo mehrere Häuser – auch sein eigenes Privathaus – sehr einfühlsam in die Landschaft gestellt, auch eine Manufaktur für Antipasti, Lagerhäuser und Ställe für die schönen weißen Maremma-Rinder und etwas weiter entfernt die Appenin-Schafe, die den Boden pflegen. Das Land wird für den Anbau von Gemüse, Kräutern, Futter für die Tiere, Getreide und Wein genutzt. Überall duftet es nach Kräutern und guter Erde.

Vor etwa 13 Jahren hat Carlo sich an einer großen Tomatenverarbeitungsfabrik mit 6500 Quadratmeter Fläche beteiligt, um die inzwischen Unmengen von Tomaten, die er für die La-Selva-Produkte braucht, verarbeiten zu können. Dort, in dem etwa 80 Kilometer entfernten kleinen Ort Donoratico am Meer, werden zwischen Juli und September im Akkord Tomaten gereinigt, gekocht, geschält, getrocknet, gewürzt, in Gläser abgefüllt, je nachdem, welches Produkt gerade in Arbeit ist. Den Rest des Jahres dienen die großen Fabrikhallen der Lagerung der fertigen Produkte, die dann über den Winter

Das alte toskanische Bauern-
haus bildet das Zentrum von
La Selva und liegt auf einem
kleinen Hügel zwischen
Gemüseplantagen, Antipasti-
Fertigung und Rinderweiden.

und Frühling verkauft werden, bevor es im Juli wieder von neuem
losgeht.

„Leicht war das nie, mit den italienischen Partnern diese Fabrik zu
führen", sagt Carlo. Aber der riesige Absatz, der sich in den folgenden
Jahren vor allem in Deutschland rapide entwickelte, ließ ihn die Sorgen
vergessen. Heute produziert Donoratico nicht nur die La-Selva-Produkte, sondern auch für Eigenmarken wie basic, Alnatura und einige
weitere. Für uns basic-Gründer, Richard und mich, war es überhaupt
keine Frage, dass unsere Eigenmarke den höchsten Ansprüchen genü-
gen musste, und deshalb kamen unsere basic-Tomatensaucen und das
basic-Tomatenmark von Anfang an und bis heute von Carlo – das sind
jetzt schon 15 Jahre. La Selva war unser erster Eigenmarken-Herstel-
ler. Die La-Selva-Tomaten sind einfach die besten, diese kleine ovale
Sorte. Erst vor ein paar Wochen haben wir einige frisch gelieferte ei-
förmige La-Selva-Tomaten der Sorte Carabobo im Schweinsbräu in
Herrmannsdorf geschält und über 18 Stunden confiert serviert bekommen – so etwas gibt es nicht noch einmal!

Carlo, der geniale Händler

Natürlich wollte Carlo auch Pasta, Olivenöl, Kaffee und einige
andere Produkte nach seinen Qualitätsvorstellungen fertigen. Da man
aber nicht alles selber machen kann, hat er La Selva Sélection erfunden, für jene Produkte, die von anderen kleinen Verarbeitern in der Gegend um Grosseto im Auftrag erzeugt und unter dieser Marke abge-
packt werden.

In Gräfelfing ist bis heute das deutsche Vertriebsbüro, und sein Geschäftsführer, Herr Hüller, arbeitet seit vielen Jahren für ihn. So läuft der meiste Handel, auch ins europäische und internationale Ausland – in die ganze Welt – über München.

Carlo, der Cantina-Besitzer

Anfang des Jahrtausends hat sich Carlo entschieden, eine eigene Cantina für das Keltern von Wein zu bauen. Das hat er sich einfach nicht nehmen lassen wollen. So entstand ein schöner Weinkeller, teilweise in Boden und Berg, mit rötlichen Natursteinen oberirdisch gebaut. Die La-Selva-Cantina liegt bei Poderone, nur fünf Kilometer von La Selva entfernt, mitten in den eigenen Weinbergen. Da, wo die Ebene sich in die toskanischen Berge aufschwingt, etwa einen Kilometer von Magliano in Toscana entfernt, einem pittoresken kleinen toskanischen Ort mit wunderbaren Restaurants, in denen ich mit Carlo häufig war (Bistecca Fiorentina vom Feuer und ähnliche Wohltaten). Es gibt einen großen Degustierraum mit alten Holzmöbeln, in dem man gut feuchtfröhliche Abende verbringen kann. Roland Krebser ist der Kellermeister, ein sympathischer Weinexperte aus der Schweiz. Er wohnt mit seiner Familie seit Anfang an direkt neben der Cantina. Mit Roland hat Carlo einen Glücksgriff getan.

Die Cantina La Selva hat einen Senkrechtstart hingelegt: Gleich mehrfach wurde der „Morellino Colli dell'Uccellina di Scansano" von Gambero Rosso ausgezeichnet. Auch der „Prima Causa" gelangte ziemlich schnell in den Blickwinkel der Weintester. Heute führt die Cantina eine Vielzahl von guten, gut trinkbaren, aber auch bezahlbaren Rot- und Weißweinen, hier etwa der Vermentino Maremma, der ein perfekter Wein für den Sommer ist. Unsere Gäste in Sonnenhausen lieben ihn.

Carlo, der Genießer

Wenn man mit Carlo spricht und mit ihm unterwegs ist, wird einem wieder bewusst, warum hier auf La Selva größte Sinnlichkeit eine wichtige Rolle spielt: Es ist Carlo mit seinem Anspruch an Qualität und Genuss, und mit seiner Freude am Leben. Oft saßen wir im Hochsommer auf der erhöhten Terrasse des Agriturismo-Bereichs über dem alten Ur-Bauernhaus und schauten bei einem Glas eiskalten Vermentino in die Landschaft, und Carlo erzählte seine spannenden

Geschichten über komische japanische Händler, die unberechenbaren Zustände in der italienischen Wirtschafts- und Politikwelt und seine La-Selva-Welt. Ich freue mich schon auf meine nächste Reise in die Maremma!

Freilandgemüse

Bio-Gemüse wächst häufig im Freiland, denn es ist wesentlich schmackhafter als Gemüse, das unter Folie oder Glas wächst. Im konventionellen Gemüseanbau ist das sogar in vielen südlichen Ländern bereits der Fall. Häufig wächst Gemüse auf Substrat, in das chemisch-synthetische Düngemittel eingebracht werden. Die Pflanzen werden also künstlich ernährt, und ihnen fehlen die Geschmack gebenden Mineralien und Spurenelemente, die im natürlichen Boden vorhanden sind. Sie schmecken häufig langweilig. Bei Tomaten, Paprika und Karotten ist das am häufigsten zu spüren. Selbst wenn der Boden im Gewächshaus noch natürlich ist, ist das geschmackliche Ergebnis nicht dasselbe wie bei Freilandgemüse. Durch die künstliche Bewässerung neigen diese Böden auch zu Versalzung, da das mineralienhaltige Wasser salzige Rückstände bildet, im Gegensatz zu Regenwasser. Hat man einmal Salz im Boden, sinkt die Fruchtbarkeit extrem, und das lässt sich auch nicht rückgängig machen. Auch die künstliche Beregnung ist nicht optimal, also hat man in den Freilandgemüseanlagen im Süden die wassersparende Tröpfchenbewässerung eingeführt. Auf La Selva gibt es eine Person, die im Sommer ausschließlich die Aufgabe hat, die Tröpfchenanlage zu warten und für die pflanzengerechte Versorgung aller Plantagen zu sorgen. Beregnungen, die wie mit der Gießkanne über die Felder rollen, findet man Gott sei Dank immer weniger. Denn 80 Prozent unseres immer knapper werdenden Trinkwassers werden vor allem in subtropischen und tropischen Ländern in der Landwirtschaft verbraucht, und da wird es höchste Zeit für intelligente Bewässerungssysteme.

Rolf Axel Nordström und Familie
Ängavallens Gård, Schonen, Schweden
http://angavallen.se

Dieser Tierhaltung gehört die Zukunft

Rolf Axel Nordström hat sich immer schon weit mehr Gedanken gemacht, als für das wirtschaftliche Überleben notwendig gewesen wären, vor allem zum achtsamen Umgang mit Tieren. Ängavallen besteht heute aus 350 Hektar Land, auf dem u. a. Getreide für die in Weidehaltung lebenden Rinder und Schweine, aber auch für die hofeigene Bäckerei angebaut wird. Im 30 Jahre alten Hofladen verkaufen die Nordströms ausschließlich auf dem bis ins Detail perfekten Hof erzeugte Produkte. Es gibt eine Metzgerei, eine Molkerei, eine Bäckerei, ein Restaurant und ein Hotel.

Ängavallen ist meine erste Station in Skandinavien. Mein alter Chevrolet Blazer bringt uns über die Öresundbrücke nach Schonen, auf Schwedisch Skåne, an die Westküste Richtung Trelleborg. Sommer, wunderbares Wetter, tiefblaue Ostsee, aber ein extremer Wind, man muss sehr aufpassen. Die 150 Offshore-Windräder, die ganz Kopenhagen mit Strom versorgen, laufen auf Hochtouren, ein erhabenes und zufriedenstellendes Bild.

Wir sind über Nacht mit dem Autozug von München nach Hamburg gefahren, sehr bequem, und haben früh mit der Fähre von Fehmarn nach Süddänemark übergesetzt. In zwei Stunden nach Kopenhagen, Bestzeit.

Alle in Skandinavien reden über Ängavallen. Und über dessen Macher Rolf Axel Nordström. Kille Enna, über die ich später berichten werde, hat mir den Tipp gegeben, sie lebt auch in Skåne, nur weiter östlich bei Ystad. Ängavallen ist ein Öko-Betrieb mit konsequenter Direktvermarktung und derart einzigartigen Erfindungen und Überzeugungen, dass ich staunen musste. Ich hatte ja nun wirklich schon viele Betriebe gesehen, aber hier in Südschweden gab es Neues zu erfahren! Axel empfängt uns mit perfektem Deutsch, ein eleganter Mann Ende fünfzig. Ganz unbäuerlich, eher vom Typ Unternehmer, korrekt und redegewandt. Gentleman Farmer, würde man vielleicht annehmen, denn das schlossartige Wohnhaus ganz in Weiß mit großen schmalen Fenstern mit der schwedischen und der Schonen-Fahne auf hohen Fahnenstangen davor, das sieht nicht aus wie auf einem Bauernhof. Aber Axel entpuppt sich als Farmer durch und durch, mit einer ungeheuren Liebe zu den Tieren und einer akribischen Qualitätssehnsucht und Perfektion, wie man sie selten erlebt. Er fährt ein kleines Hybridauto, nichts Protziges ist zu sehen. Alles ist aufgeräumt und sauber, der ungebrochene Gestaltungswille in jeder Hinsicht sticht sogleich ins Auge. Er freut sich richtig darauf, uns alles zeigen zu können.

Bauer statt Farbenfabrikant

Axel berichtet gleich sehr offen und angenehm, wie er zum Öko-Landbau kam. Die Geschichte beginnt mit seinem Großvater Nordström, der seit 1903 eine Farbenfabrik in Malmö hatte. Dieser starb, als Axels Vater zwölf Jahre alt war. Axel war der einzige Sohn, der Vater hatte schon früh einen Plan mit ihm. So schickte er Axel mit genau zwölf Jahren an die englische Südküste in ein Internat. „Die waren alle viel älter als ich dort. Ich lernte sehr früh, eigenständig zu sein und mich zu wehren", berichtet Axel nicht ohne Stolz. Mit 22 eröffnete er seinem Vater, dass er nicht in dessen Farbenfabrik einsteigen, sondern Bauer werden wolle, und der Vater gab ihm ein Darlehen, damit er sich ein Drittel des Hofes kaufen konnte.

„Mit sechs Jahren hatte ich in Malmö das Töten eines Pferdes mit angesehen, danach hatte ich Albträume." Seitdem liebt er Tiere, als Junge hatte er Mäuse und andere kleine Tiere daheim. „Meine Eltern fanden das nicht gesellschaftsfähig und brachten die Tiere weg. 1974 kaufte ich vier Schweine, eine Jungsau sollte abferkeln und starb leider. Es hat mir fast das Herz gebrochen." Er vermutete einen Zusammenhang mit dem Futter und beschloss, seine Tiere nur noch pflanzlich zu ernähren.

Die Schweine-Hybridrassen hatten Probleme, obwohl das hohe Fleisch-Knochen-Verhältnis gut bezahlt wurde. „10 Prozent der Schweine verendeten an Herzinfarkt, 15 Prozent brachen sich die Beine. Die Knochen waren zu weich! Ich habe mich aufgelehnt, schon

Rolf Axel Nordström hat Ängavallen gegründet und er ist stolz, dass seine Frau und zwei seiner Söhne in seinem vielfältigen Bio-Familienbetrieb mit Landwirtschaft, Verarbeitung, Restaurant und Hotel mit anpacken.

in den siebziger Jahren!" So hat Nordström mit dem ungarischen Mangalitza-Schwein begonnen und hat die von der Familie Rausing zu Jagdzwecken aus Polen importierten Wildschweine eingekreuzt. Er berichtet über Schweinerassen in der ganzen Welt, er kennt sich aus.

„Bis Ende der achtziger Jahre hat sich in Schweden in Richtung Ökologie nicht viel getan. ‚Alternativ' sagte man immer, und das war ein Schimpfwort." 1987 wurde Axel endlich ein stationäres Schlachthaus auf seinem Hof genehmigt, nachdem er jahrelang um die Genehmigung eines mobilen Schlachthauses gekämpft hatte, mit dem man zu den Tieren auf die Weiden fahren hätte können. Ohne Erfolg. Heute würde er 30 Prozent Subventionen bekommen.

Alles aus achtsamer Hand

Die vielseitigen Aktivitäten der Familie auf dem Hof und die großen Ländereien erschließen sich nicht auf den ersten Blick. 350 Hektar sind es, wovon 150 zugepachtet sind, ein Teil davon Naturreservat. Hier wird im Wesentlichen das Tierfutter und das Getreide für die Bäckerei angebaut, und es gibt Schweineweiden, Weiden für die Milchkühe mit ihren Kälbern, auch für die erwachsenen Rinder. Axel hat ganz unterschiedliche alte Rinderrassen, denn die Beweidung klappt so besser als mit nur einer Rasse, die bestimmte Futtervorlieben hat. Die Vielfalt der Rassen bringt auch mehr Vielfalt in das Angebot an Futterpflanzen, wenn gleichmäßiger abgeweidet wird, was der Qualität von Milch und Fleisch guttut. „Die Natur und die Tiere verstehen lernen, das ist die wichtigste Aufgabe des Bauern."

Auf Ängavallen teilen sich die Kälber und die Molkerei die Milch der Kühe – das ist einzigartig. Es ist nicht leicht, die Kühe auf dem Weg zum Melkstand von den Kälbern zu trennen.

„Wir schlachten nur eigene Tiere, kaufen überhaupt keine Tiere zu, und produzieren ausschließlich für unseren Hofladen und das Restaurant." Seit 1983 gibt es den kleinen Laden am Gutseingang schon, das Reich von Birgitta Nordström, der Frau von Axel, deren Vater und Bruder Bäckermeister sind. Freundlich und ruhig bedient sie die vielen Kunden. Am Anfang gab es hier nur Schweinefleisch aus der eigenen Metzgerei zu kaufen.

Beim ersten geschulten Blick in die Kühltheke und die appetitlich eingeräumten, beleuchteten weißen Glaskühlschränke denke ich: Nanu, nur Lammfleisch! Tatsächlich sieht das Schweinefleisch aufgrund des Zuschnitts und der Farbe, vor allem aber wegen der geringen Größe der Fleischteile auf den ersten Blick aus wie Lammfleisch: Lammsattel, Lammschulter, Lammspießchen etc. Des Rätsels Lösung offenbart sich später: Hier in Ängavallen werden die männlichen Schweine nicht kastriert, dafür jedoch schon mit 25 bis 35 Kilogramm Gewicht geschlachtet, bevor sie in die Geschlechtsreife kommen und der Geschmack sich „in die falsche Richtung" entwickelt. Das erspart die schmerzhafte Kastration. Das Fleisch ist nicht ausgereift und von kräftigerem Geschmack, als wir es gewohnt sind, es ist etwas reifer als Spanferkelfleisch – für manche eine Delikatesse, für die sie von weit her anreisen. Wir gehen durch eine alte Allee. Der Hofladen sei zu klein und müsse deshalb umgebaut werden, sagt Axel. Damit sie das Obst- und Gemüseangebot neben den Käsen und Molkereierzeugnissen und dem Fleisch und der Wurst unterbringen können. „Ängavallens Freunde" aus der Region, die Bio produzieren, wie etwa die Fünen-Brauerei, dürfen den

Hofladen beliefern. Sonst gilt hier das Prinzip: von Ängavallens Boden auf den Tisch.

Bio-Restaurant samt Experimentier-Werkstatt

Das Ängavallen-Restaurant gibt es seit 1998, die Molkerei und Käserei kamen erst viel später dazu, das kleine Hotel vor vier Jahren. Im Restaurant werden die Preise wie in allen anderen Restaurants kalkuliert, für den Bio-Rohstoff gibt es einen absoluten Aufschlag. Das ist eine gute und klare Sache, finde ich, und hilft, dass die Speisen nicht zu teuer werden. „Ein Fleischgericht, das sonst 300 Kronen kostet, kostet bei uns mit Bio-Aufschlag 320 Kronen."

Junge Leute müssen rein ins Geschäft, neben seinem Sohn, der das Restaurant leitet, sind viele junge Köche und Bedienungen da. „Immer erneuern, immer frischen Geist reinbringen", sagt Axel. „Mit vierzig ist es schon vorbei, die Jungen sind noch wild, die dürfen bei mir alle lustigen Sachen machen." Allerdings gibt es auch bei Axel eine Grenze, nämlich die, ab der man das Rohprodukt nicht mehr erkennt: „Ich habe in Stockholm Austern gegessen, El-Bulli-like, die nicht mehr zu erkennen waren. Bei einer Vernissage kann man das vielleicht machen, aber sonst muss man doch den Rohstoff erkennen können! Bei der Molekularküche werden die Geschmäcke erst auseinandergenommen, um sie dann wieder zusammenzusetzen. Das ist weit entfernt von der Natur. Du darfst die Sachen nicht kaputtmachen, die Fleischstruktur eines Hummers zum Beispiel. Aber die Molekularküche hat uns das genaue Kochen gelehrt. Den exakten Punkt. Den perfekten Geschmack, den Wow-Effekt."

Die Gastronomie ist spitze und Rolf Axel Nordström holt die besten Köche des Landes nach Ängavallen. Es werden nur Produkte vom Hof verwendet!

Kälber gehören zur Mutterkuh

„Was sind die wichtigsten sozialen Notwendigkeiten für Tiere?", hat sich Axel immer gefragt. Das war selbst für Tierethologen, also Tierverhaltensforscher, nicht leicht zu ergründen, da die Tiere nicht sprechen können. Als Resultat dieses Prozesses beschloss er, in Ängavallen nur ursprüngliche Tiere zu halten, die sich (zum Beispiel) mit Hörnern verteidigen können, und nur an unser Klima adaptierte Tiere, also alte Rassen, denn die sind die besseren Futterverwerter. Interessant, das hat mir so auch noch niemand erklärt.

Die interessanteste Erkenntnis aber war wohl, dass man das Kalb unter allen Umständen bei der Kuh lassen muss. Die Kühe werden zwar gemolken, sie leben aber, was auch auf Bio-Betrieben völlig unüblich ist, mit ihren Kälbern zusammen. Die Schwierigkeit ist die Trennung der Kälber von den Müttern vor dem Melken. Wie separiert man die Kälber aus der Herde, ohne jedes Mal ein Riesenrodeo veranstalten zu müssen? Mit Hunden geht es auch nicht, weil sie von den Kühen als Wölfe wahrgenommen werden. Also war für zwei Wochen der Australier Jim Lindsey in Ängavallen, um den landwirtschaftlichen Mitarbeitern das richtige „Treiben" der Tiere beizubringen: „Nicht schreien, nicht pfeifen, zu dritt, linke Kuh linkes Auge, rechte Kuh rechtes Auge, sie müssen uns sehen können, sonst vertrauen sie uns nicht. Kühe lernen so, wie weit sie auseinander gehen dürfen." Es ist wahr, beim Verladen von Rindern passiert immer der gleiche Fehler, dass sie dabei aufwärts gehen müssen und am Absatz nicht sehen, wo sie hingehen sollen. Dann gehen sie rückwärts!

Hier wird kein Kraftfutter gefüttert, voller Proteine für ein schnelleres Wachstum: „Wiederkäuer mit ihren vier Mägen brauchen das nicht, denn sie produzieren sich ihre Proteine genialerweise selbst!" Kühe in Ängavallen leben 20 Jahre, denn, so Axel, alte Tiere brächten eine Immunitätsstabilität in die ganze Herde, auch weil sie an diese Umgebung gewöhnt seien. Wenn doch einmal ein fremdes Tier gekauft werden muss, kommt es erst einmal auf einen anderen Hof, und wird dort, wenn es sich um ein weibliches Tier handelt, auch gedeckt. Tierärzte prüfen dann die Tiere, und erst wenn alles okay ist, kommen sie nach Ängavallen. „Zuchtlinien, die ich kaufen konnte, habe ich immer zuerst so getestet", sagt Axel. „Hast du die Krankheit erst mal drin, schließen die Beamten am Ende womöglich noch den Betrieb!" Sehr konsequent. „Alle halten mich für dumm, 3000 Kronen (etwa 340 Euro)

extra für Untersuchungen auszugeben!" Und dann: „Es hat 20 Jahre ge-
dauert, bis ich 150 Tiere hatte, die okay sind." Das alles hört sich für mich
fast wie ein Märchen an, aber wenn man diesen Mann näher kennengelernt hat, weiß man, dass alles wahr ist. Die Ängavallener Wirklichkeit.

Als Metzger weiß ich: Die Sau muss aufgehen! Das heißt, dass du
jedes einzelne Teil des Schweins mit Bio-Aufschlag verwerten musst,
nicht nur Filet und Schnitzel. Axel: „Der Chefkoch wollte 10 Kilogramm
Filet und 30 Kilogramm Kotelett bestellen; ich habe ihn gefragt: Hast
du noch nie ein Schwein gesehen?" Die Kunst ist es, alle Teile in Metzgerei und Küche zu verwenden. So hat er es auch bei Darina Allen vor
dreieinhalb Jahren in Irland gelernt, einer großartigen Köchin, die Bio
und Nachhaltigkeit und Geschmack auf ihre Fahnen geschrieben hat.
Er war mit einer Gruppe von Bauern, Gastronomen, Professoren und
Lebensmittelhandwerkern aus Skåne dorthin gefahren. Diese Gruppe
versucht, eine neue Entwicklung nach Schweden zu bringen: Schweden, das neue Gastronomieland. „Das Essen bedeutet sehr viel, wenn es
nicht gut ist, kommt keiner wieder." Die Provinz Skåne hat auch erkannt, dass das neue landwirtschaftliche Denken in kleinen autarken
Einheiten wie Ängavallen sinnvoll ist, weil dieses Arbeit in der Region
schafft und langfristige wirtschaftliche Stabilität bringt. Außerdem
schützt der Bio-Landbau den Boden – und mit der richtigen Einstellung
auch das Kulturerbe der ländlichen Region Skåne.

Wir gehen in die kleine Molkerei. Axels Sohn Mathias führt hier das
Regiment. Alle drei Söhne haben eine handwerkliche Ausbildung gemacht, Metzger, Koch, Landwirt, Niclas und Andreas sind 80 Stunden

Auf Ängavallen gibt es neben
der Bäckerei und der Metzgerei mit eigenem Schlachthaus
auch eine Käserei. Die Käse
werden ausschließlich für den
Hofladen und das Restaurant
produziert!

in der Woche bei der Arbeit, sagt Axel. Täglich kommen aus dem neuen
Melkstand ca. 600 Liter Milch von den 75 Kühen. Dabei sind es nur maximal 8 Liter, die den Kälbern sozusagen gestohlen werden – den Rest
können sie von ihrer Mutter saugen, denn sie leben die meiste Zeit des
Tages mit ihnen zusammen auf den Wiesen, das ist das Konzept. Hierzulande werden die Kälber nach ein paar Tagen von den Müttern ge-
trennt, stehen in den kleinen Einzelhütten aus weißem Plastik mit Mi-
niauslauf davor, damit sie sich nicht gegenseitig die jungen Euter rui-
nieren, und bekommen Frischmilch oder Milchaustauscher verabreicht. Selten hat sich jemand so konsequent wie hier auf Ängavallen
die Mühe gemacht, beides zusammenzudenken.

Eine Metzgerei wie ein Wohnzimmer

Die Metzgerei ist sehr wahrscheinlich die schönste, die ich je
gesehen habe, fast so gemütlich wie ein Wohnzimmer. Auch hier hat
sich der Revoluzzer Axel Nordström durchgesetzt und die ganze Metzgerei schulterhoch mit handgemachten Terrakotta-Fliesen ausstatten
lassen. Hab ich noch nie in einer Metzgerei gesehen. Der alte nette
Metzgermeister hat in Deutschland gearbeitet und spricht wie Axel
Deutsch. Fotos in allen Positionen werden geschossen, alle sind so
offen. Das Besondere: Hier werden die Schweine einzeln geschlachtet,
nachdem die neugierigen Tiere mit einer ausgeklügelten Lichtschal-
tung langsam über einen langen, verwinkelten Gang in die Metzgerei
gelockt werden: Sie ahnen nichts, und auch nicht die Tiere, die draußen
warten. „Ruhe ist das Wichtigste für eine perfekte und schnelle Betäubung und später eine gute Fleischqualität."

Erika Braune stammt aus Deutschland und lebt schon lange in
Schweden. Sie ist die Chefin der Minibäckerei, die sich direkt neben
der großen Küche befindet. Alles Brot, alles Gebäck, das Knäckebrot
und die süßen Dinge hier werden von Erika gefertigt.

„Man kann auf dem Land mit einem Restaurant nicht überleben,
wenn man keine Zimmer hat", sagt Axel. So gibt es insgesamt 19 Gästezimmer, die letzten sieben sind erst 2009 fertig geworden. Rund um
das Restaurant und die sehr schön gestalteten Veranstaltungsräume
und entlang der prächtigen Gärten reihen sich die Zimmer hinter mit
Clematis bewachsenen dunkelroten Holzfassaden oder weißen Back-
steinwänden. „Zwei Hochzeiten am Wochenende, und eine Vernissage.
Am Sonntag ein Konzert." Überall hängen die Plakate mit den Ankün-

digungen. Die Kunst für die Vernissage hängt bereits im alten Getreidespeicher von Ängavallen, ausgesprochen gute Arbeiten, die dem gesamtem Flair von Ängavallen Qualität und Weltoffenheit verleihen. Rolf Axel Nordström und seine Familie haben hier etwas geschaffen, was Vorbild ist für viele andere, die von ihnen lernen können, dass Konsequenz sich auszahlt – und glücklich macht.

Kastrationslose Ebermast

Heute werden in der Schweinemast die meisten Eber bereits als Ferkel kastriert, damit sie später keinen penetranten Geruch im Fleisch erzeugen und die Tiere ruhiger sind, auch im Bio-Bereich. Dies geschieht meistens ohne Betäubung, in Bio-Betrieben ist diese allerdings vorgeschrieben. Man macht heute an den Landwirtschaftlichen Versuchsanstalten Versuche, um die Eber ohne Kastration möglichst lange ohne Entwicklung dieses Geruchs aufziehen zu können. Leider passiert das teilweise durch Impfung, die den Geruch eindämmen soll. In Europa werden im Jahr 100 Millionen männliche Ferkel geboren, von denen 83 Prozent kastriert werden. In Großbritannien und Irland wird komplett auf Kastration verzichtet, In Spanien zu 60 bis 90 Prozent, in Dänemark zu 5 bis 10 Prozent. Werden die männlichen Schweine im Bio-Betrieb nicht kastriert, werden sie nur bis zu 45 Kilogramm gemästet, bevor sie geschlachtet werden, um die Gefahr des Geruchs einzudämmen. Es wird auch im Bio-Bereich daran gearbeitet, die männlichen Schweine schwerer mästen zu können. Da steht Bio noch ganz am Anfang. Für mich stellt sich nämlich auch die ethische Frage, wie viele Tiere wir vom Leben in den Tod befördern müssen, um die gleiche Menge Fleisch zu erhalten.

Camilla Plum
Fuglebjerggaard, Helsinge, Dänemark
www.fuglebjerggaard.dk

Energische Übermutter

Camilla Plum ist ein Urgestein der Bio-Bewegung in Dänemark. Sie hat sich vor 16 Jahren ihren Traum verwirklicht: einen Bauernhof 55 Kilometer nördlich von Kopenhagen nach ihren Vorstellungen zu bewirtschaften, mit Tieren, großem Gemüsegarten, Getreideanbau, einer Bäckerei und Küche für die Bewirtung von Gästen und für Back- und Kochkurse, und einem Hofladen. Ein kleines Paradies: Fuglebjerggaard – Vogelbeergarten.

Camilla hat 1992 das erste ökologische Restaurant in Dänemark eröffnet – „da waren meine Zwillinge noch Säuglinge", erzählt sie von dieser anstrengenden Zeit. Sie ist Mitbegründerin der dänischen Organisation „The Belly Rebellion", die sich für natürliches Essen einsetzt. 2011 hat sie für ihr Buch „The Scandinavian Kitchen" den „Gourmand World Cookbook Award" für das beste skandinavische Kochbuch erhalten. Sie hat neben dem Management ihres Hofes viele Artikel für internationale Magazine und etliche Kochbücher verfasst. Sie ist sehr bekannt in Dänemark, denn sie hat ihre eigene Fernseh-Kochshow und tritt immer wieder in Diskussionssendungen auf, wenn es um die Landwirtschaft und unser Essen geht.

Der Gemüsegarten von Camilla beherbergt, wie sie sagt, die größte Vielfalt in ganz Dänemark: über 200 Gemüsesorten zum Selbsternten, in den Sommermonaten zum Kochen im Restaurant an den Wochenenden, und bei den Feiern, die sie ausrichtet, und den Kursen, die sie gibt. Auf dem Acker stehen auch viele Getreidearten, auf den Weiden eine Herde von „Dänischem Rotvieh". Außerdem gibt es einen Ziergarten und weitere Tiere: Ziegen, Schafe, Hühner und Katzen – ein Paradies für Kinder.

151

„Für die älteren Besucher ist es vielleicht eine Freude, einen Bauernhof zu sehen, wie sie ihn noch aus ihrer Kindheit kennen. Das bedeutet aber nicht, dass es sich um ein Museum handelt – man bedient sich hier nur alter Geräte und Verfahren, die dem ökologischen Gedanken dienen und die in jeder Hinsicht einer besseren Qualität förderlich sind", schreibt Camilla auf ihrer Website.

In der kleinen Mühle wird das Getreide frisch gemahlen, in der Backstube, die gleichzeitig ein Café ist, verbacken oder an den Wochenenden im Hofladen verkauft.

Camilla hat Kunstgeschichte studiert, ist aber dann ausgestiegen und hat sich ihrem Hobby hingegeben: dem Kochen. Zehn Jahre hatte sie ein ausgesprochen gut gehendes Bio-Restaurant in Kopenhagen, in dem sie täglich selbst kochte, die Gäste unterhielt, organisierte, sogar die Zwillinge stillte und am Abend noch Kochkurse gab. Wer Camilla mit ihrer unbändigen Kraft und ihrem freien Geist kennt, versteht, wieso sie auf Fuglebjerggaard so viele Dinge auf einmal machen kann.

Angriffslustig, kämpferisch und herzlich

Manche Dänen haben Camilla über die Jahrzehnte nicht nur lieben gelernt. Sie hat stets für eine andere Landwirtschaft gekämpft, gegen die Monokultivierung und Industrialisierung des Landbaus in Dänemark, die Ausräumung der natürlichen Landschaften, gegen Functional Food – und sich auch nicht gescheut, im Parlament in Kopenhagen aufzustehen und die verantwortlichen Politiker lautstark zur Rede zu stellen. Provokationen und Skandale waren das, was sie in Dänemark zunächst berühmt gemacht hat. Ihre weiblich-kräftige Statur und ihr angriffslustiges schönes Strahlen hat sicher so manchem Mann das Leben schwergemacht. Der Inbegriff der Übermutter, die für die Nachwelt kämpft.

So ist also klar, dass ein Tag mit Camilla etwas ganz Besonderes und Bereicherndes ist. Wir haben inzwischen ein herzliches Verhältnis, das schon ein paar Jahre anhält. Eine kleine Geschichte: Letztes Jahr rief mich Camilla in Sonnenhausen an, am Abend, und bat mich, ihren Sohn Nils vom Bahnhof abzuholen und über Nacht bei mir unterzubringen. Der war aber per Anhalter von Istanbul über Bulgarien unterwegs und es war schon neun Uhr abends, als ich ihn endlich erreichte und mit ihm vereinbarte, wo ich ihn abhole sollte. Um drei Uhr hatte ich den Jungen endlich bei mir, 18 Jahre alt und voller Leben, und er aß erst mal vor lauter Hunger unser Hotelkühlhaus leer. Am nächsten Morgen, als ich ins Büro kam, dachte ich, Nils schliefe noch, aber der war schon seit sieben in der Küche und half beim Frühstückmachen. Er blieb dann drei Tage bei uns, machte sich aus Dankbarkeit in allen Bereichen nützlich, umarmte alle und verdrehte den jungen Mitarbeiterinnen den Kopf, bevor er wieder entschwand. So ist einer, dessen Mutter Camilla Plum heißt!

Der Sommer in Dänemark ist dieses Jahr heiß und wir fahren mit Camilla und den Kindern nach Tisvilde 20 Kilometer nördlich von Helsinge ans Meer. Hier hat Camilla das kleine reetgedeckte Strandhaus ihrer Mutter, 20 Meter vom Strand entfernt, mit Blick auf die weite See. Die Familie verbringt hier einen Teil der Sommerferien. Samstags, wenn der Hofladen in Helsinge geöffnet ist, fahren alle dorthin, denn es muss vorher noch geerntet werden. Dann empfangen sie wie jeden Samstag Hunderte von Kunden und machen damit ihren Wochenumsatz.

200 Gemüsesorten in einem Garten

Der Garten ist ein Paradies, ein „Nutzgarten", der durch seine ungeometrische Anordnung so schön ist, wie man es selten sieht. 200 verschiedene Gemüsesorten, auch Blumen. Der Laden ist voll mit ausgewählten Produkten wie Kräutern und Gewürzen, die Camilla nach eigener Rezeptur zusammenstellt, selbstgemachten Limonaden, Teppichen, Schmuck, Büchern, Geschirr, Kochutensilien, draußen in der Hofdurchfahrt des kleinen Vierseithofes das frisch geerntete Gemüse, Kartoffeln, Gurken, Salat und eine Menge verschiedener Chilis, ein

Der Garten von Camilla ist einer der schönsten Gemüsegärten Dänemarks, weil hier nichts mit dem Lineal angelegt ist – ein buntes Gemisch aus Gemüsen, Kräutern und Blumen.

Steckenpferd von Camilla. Außerdem frische Blumen und Topfpflanzen. Kuchen und Brot gibt es gerade nicht, da die Bäckerei in diesen Ferien zu ist, aber Fleisch gibt es, allerdings nur tiefgefroren, denn es wird nicht so häufig geschlachtet. Camilla ist Dänemarks Expertin für Gemüse- und Blumensamen, die sie selber in den vielen kleinen Gewächshäusern, die natürlich unbeheizt sind, zieht und hier im ehemaligen Stall in Hunderten von kleinen Tütchen verkauft. Am Meer wird für die Freunde und die Familie aufgekocht. Wir sitzen alle am großen Tisch zusammen, das Meer rauscht und der warme Wind kühlt uns. Camilla beginnt von Darina Allen zu erzählen, der berühmten Köchin in Irland. Die Gründerin von Slow Food Ireland hat dort eine Kochschule. „She changed the food culture in Ireland", sagt Camilla. Sie macht tolles Essen, Nordic Food, aus allem, was in unseren Breiten wächst. Saubere Geschmäcke, vorsichtig gekocht. Vieles gibt es hier und in Irland, was wir auch in Deutschland haben: Rote Bete, Sellerie, Karotten, alles altmodische Wurzelgemüse, Roggenbrot und den Kümmel, „den die Russen so lieben". Darina gibt in Irland wie Camilla in Dänemark im Fernsehen Kurse. Bei Darina hat Camilla gelernt, damals, bevor sie ihr eigenes Lokal eröffnete: Es gibt bei ihr einen fünfmonatigen Kochkurs in der „International School of Organic Cooking", wo man alles zu kochen lernt, wirklich alles. Es ist einfach, aber lecker. Konsequent frische, saisonale, lokale Zutaten.

Alles verwerten, nichts wegwerfen

„How to use the stuff while you live, really basic cooking", erklärt Camilla, und meint damit, dass man einfach täglich rausgeht und das erntet, was gerade wächst, und daraus ganz simpel kocht, das in sein normales Leben integriert. „Die Absolventen von Darina können überall anfangen, weil sie alles können." Es gibt keine gute Kochausbildung mehr, sagt sie, auch für Fleischköche nicht: Dort lernt man, alles aus dem Tierkörper zu verarbeiten, Magen, Lungen, den Schwanz, „und nicht die Hälfte als Hundefutter wegzuschmeißen". „Wenn du schon die Freiheit hast, ein Tier zu töten, solltest du wirklich das ganze Tier aufessen – in China essen sie alles." Camilla erinnert sich an einen Grillstand auf einem Fest in Indonesien: Da wurden die gebratenen Köpfe auf Spießen aufgetragen. Oder wie die Italiener in Palermo und die Franzosen in Lyon die Innereien zu Delikatessen machen! „Organic means household, and Darina teaches that." Man muss auch lernen, wie

man die Reste der Woche aufbewahrt, um etwas daraus zu machen, wie das in vielen Ländern traditionell gemacht wurde: Fischsuppe, Paella, Cassoulet, Risotto. Und dann sagt Camilla ziemlich erregt: „Du produzierst etwas, du verpackst es, du transportierst es, du verkaufst es – und zu Hause wirfst du es weg."

Die jungen Köche heute sollen unbedingt auf Wanderschaft gehen, meint Camilla, „nach Sonnenhausen zum Beispiel, nach Herrmannsdorf" und an alle guten Plätze, für freie Kost und Logis, drei Jahre lang. Sie sollen auch im Garten arbeiten und die Tiere hüten. „Viele junge Köche wollen nur drei Tage bleiben." Sie müssen, sagt Camilla, langsam einen Respekt für die Arbeit und die Produkte entwickeln, die sie verarbeiten, und dazu gehören so simple Sachen wie die Schale der Kartoffeln nicht zu dick abzuschneiden. Die richtige Ausbildung dauert lang: „Restoring the respect for food to have respect for yourself."

Der Geschmack von wirklich frischem Gemüse

Nun geht es wieder um die Schulgärten in Dänemark, die Camillas Freundin Gikka, die auch am Tisch sitzt, mit aufgebaut hat. Sie betreibt in Kopenhagen eine Kochschule für Kinder. „1900 gab es 22 Schulgärten in Kopenhagen. Die wurden später zu Blumengärten umfunktioniert. Heute gibt es dort 28 Schulen, die wieder Schulgärten haben, das ist die Hälfte der Schulen." Camilla gibt in den Schulen und bei Gikka Kochkurse. „Früher waren Küchengärten eine Notwendigkeit, es war Teil des Lebens, man hat das einfach gemacht. Sogar Gefängnisse, Nervenheilanstalten, Krankenhäuser – alle öffentlichen Einrichtungen hatten Küchengärten. Heute gibt es eine andere Notwendigkeit, eine globale, abstraktere." Camilla sagt, sie habe bis vor fünf Jahren fast ausschließlich Blumensamen verkauft, heute seien es vor allem Gemüsesamen. „Die Menschen haben verstanden, dass etwas in ihrem Leben fehlte, der Kontakt zum Land, und sie begannen mit ihren eigenen Gemüsegärten." Aber es geht auch um Qualität. So mancher erlebte den Geschmack von wirklich frischem Gemüse zum ersten Mal. „Sie werden richtig verrückt danach!"

Dann gibt es ein großes Blech Beerenkuchen mit Mürbteig. „Ganz einfach", sagt Camilla, „200 Gramm Mehl, ein Ei, 125 Gramm Butter, 50 Gramm Zucker, etwas Salz!" Lecker und frisch. Nils sagte schon damals in Sonnenhausen, er freue sich auf die Beeren im Sommer: „Ich liebe Beeren!"

Camilla kommt nun richtig in Fahrt und breitet ihre ganze Philosophie aus: „Rezeptbücher sind sinnlos", sagt sie. Die Menschen wissen nicht, wie man kocht, sie reproduzieren nur, schimpft sie. „Wenn etwa der Weißwein bei einem Gericht fehlt, merken sie das nicht. Sie wissen nicht, was sie machen sollen." Bis in die sechziger Jahre konnten die Menschen noch gut kochen, dann hörte das auf. Die Familien haben nicht die Ressourcen, das wieder zu ändern, das muss die Öffentlichkeit machen, die Kommunen, oder die Schulen. In den Familien lässt sich das nicht machen, die haben zu viel Arbeit, zu wenig Zeit zum Kochen. „Das ist ein praktisches Problem."

Essen ist politisch

„Food is Socialism." Die Gemeinschaft muss wieder viel mehr für gute Ernährung sorgen. In Kopenhagen haben jüngst 95 Prozent der Eltern dafür votiert, dass die Schule Mittagessen ausgeben soll. „It is an all social thing to eat the same food, together", so Camilla. 30 Prozent der Kinder in Dänemark bekommen zu Hause kein richtiges Frühstück, es ist dramatisch, obwohl in Dänemark europaweit die meisten Kinder ab dem Alter von einem Jahr im Kindergarten sind. Da gibt es wenigstens schon häufig Mittagessen. „In Afrika werden die Kinder von der Gemeinschaft gefüttert." Und es ist keine Geldfrage, denn sogar in den ärmsten Gegenden Kopenhagens haben die Kinder Geld. „Die gehen mittags zu McDonald's."

„Kinder kochen für Kinder", das wäre eine Lösung. „It is about making it cool for the kids!" Die niedrigeren Kosten könnten sich Eltern und Staat teilen. Camillas nächstes Buchprojekt heißt somit auch in etwa: „Was Kinder mögen".

Voller Ideen reise ich weiter. Wieder einmal zeigt sich, wie sehr mich meine Recherchen für mein Buch für meine eigenen Projekte inspirieren, und wie sehr das, was die Leute tun, Vorbild ist, politisch und eine Art Avantgarde für das Einfache und das Natürliche – immer wieder das gleiche Bild, egal wohin ich komme.

Kille Enna
Ystad, Schonen, Schweden
www.killeenna.com

Die Magierin der Gewürze

Jüngste Küchenchefin in London, das erste Kochbuch mit 25, die neueren auch selbst fotografiert, sagenhafte Experimentierfreude und eine Nase wie „Grenouille", das ist die dänische Köchin Kille Enna, die ich auf ihrem riesigen, abgelegenen Hof in Schweden besucht habe.

Kille kenne ich seit 2005, als ich auf Einladung des dänischen Verbands „Bio aus Dänemark" von Malene Aaris und Mogens Biune zum ersten Mal diverse Bio-Hersteller und die dänische Bio-Messe in Odense besuchte. Malene wollte uns die coolsten dänischen Bio-Macher zeigen, und so waren wir auch bei Kille, damals noch in Dänemark auf Sjælland, zu einem fantastischen Abendessen eingeladen. Es war ein eye-opener, speziell Killes extravaganter Umgang mit den besten Gewürzen dieser Welt. Seit dieser Zeit sind wir befreundet, haben viel Zeit miteinander verbracht, viel miteinander gekocht, einander durch dick und dünn begleitet, und 2011 sogar ein gemeinsames Kochbuch „Der echte Geschmack" veröffentlicht.

Ich besuche sie auf ihrer Farm bei Ystad in Südschweden, wohin sie vor einigen Jahren mit ihrem Mann Morten Høeg-Larsen, einem begnadeten Möbelschreiner, gezogen ist. Dänemark ist ihr zu eng und zu reaktionär geworden, auch zu teuer. Viele Dänen, insbesondere die mit ausländischen Ehepartnern, sind nach Schweden gezogen, weil der Ausländerhass immer größer wurde. Die Landschaft Dänemarks ist von industrieller Landwirtschaft geprägt, hier in Schweden ist alles ganz anders: viel Platz, kein Maisanbau für unsinnige Biogasanlagen, sondern blauer Himmel und gelbe Getreidefelder wie die schwedische

Fahne, ursprüngliche, bäuerlich geprägte Struktur, kleine intakte Dörfer – wie bei uns vor 30 Jahren.

Kille war schon mit 21 Küchenchefin im Londoner „Dell'Ugo", sie kochte anschließend in San Francisco im „Rubicon" und in Inverness, ebenfalls Kalifornien, im „Manka's". Als Frau in Top-Restaurants als Köchin oder Küchenchefin zu bestehen, das heißt etwas! „Ich war jahrelang begeistert von der japanischen Küche, aber sie riecht nicht – sie schmeckt nur, dafür aber super", sagt Kille. Perfektion war angesagt, und der große Feuerfisch, der perfekt an seine Umwelt adaptiert und auf ihrem Oberarm eintätowiert ist, soll das repräsentieren. Mit 25 hat sie ihr erstes Kochbuch geschrieben: „Mit solskinskokken" – „Sonnenscheinkochen".

Kille hat nach ihrer Rückkehr nach Dänemark die „Fusion Kitchen" in ihrer Heimat eingeführt. Hatte ihre eigene Fernsehsendung als ganz junge Frau. Wer einmal ihre überzeugende Art und ihre Eloquenz erlebt hat, versteht, warum. „Low Key Kitchen", sagt sie, sehr exklusiv, aber überhaupt nicht fancy. Ihre Familie stammt aus Sønderjylland, ihr Großvater war Maler und Töpfer. Die Familie hat sehr berühmte Töpferarbeiten gemacht. Farben waren wichtig, waren *das* Thema in der Familie. Die absurdesten Kreationen.

Perfektionistin mit Hang zu starken Aromen

In ihrer Küche entwickelt sie das Thema Aroma zur Perfektion: „Du musst die Ernte von Früchten und Gemüsen genau abpassen, denn das Aroma entwickelt sich erst in der letzten Phase. Die wirklich guten Produkte kannst du deshalb nicht im Laden kaufen", sagt sie. „Du musst sie selber anbauen oder in der glücklichen Lage sein, einen guten Gärtner in deiner Nähe zu haben. Salatblätter, die nur fünf Minuten alt sind, schmecken sensationell und göttlich. Innerhalb von Stunden verlieren sie ihren Geschmack. Dagegen kann man nichts tun. Iss den Moment!" Und wenn man das Gemüse zu früh pflückt, kommen die Geschmäcke nie. Bei manchen ist eine späte Ernte für besondere Aromen sehr gut. „Die Zusammenstellung der Gewürze in einer Speise muss interessant sein", viele arbeiten hart an diversen Gewürzmischungen, und dann schmeckt es nach nichts. Aroma ist Geruch und Geschmack. Leider sind die so passenden Wörter „smell" und „taste" durch die Industrie missbraucht worden, mit Begriffen wie „Geschmacksverstärker", „geruchsneutral" oder „künstliche Aromen". Es ist schwierig, neue Wörter zu finden. Es sind Moleküle, die Geschmack und Geruch ausmachen.

Wir sitzen in ihrem großen Gewächshaus, das sie gerade fertiggestellt hat, und in dem sie Tomaten und delikate Kräuter anbaut. Nebenbei dient es Kille als Fotostudio. Ein bewohnbarer Wintergarten also. Das Gewächshaus ist genau gleich groß wie das kleine Wohnhaus mit dem einfachen Satteldach daneben, an das es direkt angebaut ist. Das Glashaus ist auch mit Pfirsich- und Aprikosenbäumen bepflanzt. Wir blicken auf die weite wilde Landschaft, auf die weißen Rinder, die wie Pinselkleckse in der dunkelgrünen Landschaft wirken, und auf ihren Gemüse-, Obst- und Kräutergarten mit den ausgefallensten Sorten. Für ihr vorletztes Buch mit Kartoffelrezepten hat Kille 32 verschiedene „Nordic-heritage"-Kartoffelsorten angebaut. Ihr neues Buch wurde im Herbst 2013 in 19 Sprachen in 28 Ländern veröffentlicht: „Unser Essen – natürlich" heißt es und handelt von Nachhaltigkeit in der Küche. Sie hat es in Kooperation mit IKEA produziert, und alle Tricks, Ideen, Speisen und Kompositionen wurden von Kille hier in ihrer Küche entwickelt, präsentiert und von ihr selbst fotografiert. Auch dabei ist Kille Meisterin ihres Fachs. Wie ein guter Bauer vom Acker bis zum Teller schafft sie Qualität von der Pflanze bis zum fertigen Layout.

Derzeit arbeitet Kille an Aromakompositionen auf Wasser-Alkohol-Basis. „Composing, not mixing." Diese Extrakte können einfachen Mineralwässern zu leichten, interessanten Geschmäcken verhelfen. Die Extrakte sind rein, es werden keine öligen Aromen zugesetzt, nur frische und getrocknete Blumen, Samen, Wurzeln, Rinden und Kräuter, denn die kommen direkt aus der Natur: Rhabarberwurzel, Loomi, gelber Ingwer, Löwenzahn und die Blüten von Rotklee. Ursprünglich wollte eine der größten Mineralwasserfirmen Europas ihre Extrakte. Die Idee war, dass das jeweilige Aroma sich beim Öffnen der Wasserflasche in das Wasser ergießt. „Eine Tinktur wie Bachblüten, aber zum Genießen", erklärt sie. Etwas „between perfume and wine" hätte das werden können. Aber am Schluss hat Kille zurückgezogen, weil ihr Gefühl und ihre Überzeugung sagten, dass die Zeit noch nicht reif sei. Das sieht sie bis heute so.

Kille gibt keine Konservierungsmittel hinzu, und trotzdem halten ihre Kompositionen über Jahre. Obwohl sie Hitze und Licht ausgesetzt sind, kippen sie nicht. „Sie werden immer interessanter." Und: „Meine Sprache sind die Geschmäcke." Reine Gewürze, sagt sie, werden ja auch immer interessanter, wenn man sie auf 75 Grad Celsius erhitzt. So wie in Arabien die Gewürze traditionell vor der Verwendung geröstet werden.

Aromen aus der Natur, ein Thema mit Zukunft

Ich lerne, dass einige Aromen in Fett eingekapselt und konserviert sind, also Fettmoleküle sind, andere in einer Wasserlösung besser aufgehoben und haltbar sind, da sie in der Natur auch so vorkommen und sich erhalten. Viele Pflanzen haben beide Arten von Aromamolekülen, der Lavendel etwa hat Wasser- und Fettmoleküle. Die muss man beide berücksichtigen, wenn man das ganze Aroma des Lavendels haben möchte. Es braucht Zeit, die optimale Kombination aus diesen beiden Methoden herauszubekommen. „Ich möchte nicht nur den hübschen Teil des Lavendelduftes. Ich möchte alle Teile, gute und schlechte. Ich möchte die ,Wahrheit' destillieren! Das macht keiner so, weil keiner mit der Natur arbeitet."

Alles erinnert mich an Grenouille aus dem „Parfum" von Patrick Süskind und an den „Koch" von Martin Suter – was man alles mit Aromen anstellen kann … Für Kille ist die Sache mit den Aromen noch ganz am Anfang, und sie ist überzeugt, dass das noch eine Revolution geben wird. Man brauche aber eine Firma oder Leute, die das verstehen. Und Zeit, „Meditation", um das alles zu entwickeln. „Man muss sich voll darauf konzentrieren, das geht nicht nebenbei."

Nach Abschluss ihres IKEA-Buches arbeitet Kille weiter an der Entwicklung ihrer Aromen, der „Kille Enna Fine Botanicals". Die intensiven natürlichen Aroma-Sprays werden in ein schönes Glas gesprüht, bevor man gutes Wasser dazugibt, um ihm zu einem besonderen Geschmack zu verhelfen. Kille nennt es „parfümiertes Wasser". Im Frühjahr 2014 ist es so weit, da kommen einige in 50-Milliliter-Flakons gefüllte Kompositionen auf den Markt, die nur in ausgewählten Geschäften in England, Dänemark und Deutschland zu haben sein werden. Sie sind natürlich zu 100 Prozent bio-zertifiziert. Als sie vor ein paar Monaten bei mir war, hat sie uns die ersten „Natürlichen Aroma-Präparate" vorgestellt. Sie nimmt vier Kristallgläser aus unserer Bar, sprüht ein paar Mal in das erste Glas und reicht es uns: „Schließt eure Augen. Honig und Ginster und Moorland und Hitze", sagt sie. „Der Sommer! Cremig, reich und amourös!" Und dann: „Ich bekomme eine Gänsehaut, aber nur dann, wenn ich das Gefühl habe, etwas entwickelt zu haben, das großartig ist." Wir werden in eine neue Welt gezogen. Die Düfte sind ein bisschen wie Kille: flüchtig, gegensätzlich, fast nicht greifbar, aber so unverwechselbar wie sie selbst. Kille und ihr Mann haben einen kleinen Hof erworben, der vollkommen allein in der weiten Prärie steht.

Sie erzählt, was sie hier noch alles vorhat, eine größere Versuchsküche zum Beispiel, in der sie auch Gäste bekochen kann. Es gibt viele Möglichkeiten, die Gebäude sind riesig, der Vierseithof hat einen großen Innenhof mit Kirschbäumen. Der Sommer ist groß, der Winter dunkel wie überall im Norden. Man hat das Gefühl, dass man den Sommer zum Aufbau und zum Arbeiten nutzen muss, bevor die Tage kurz werden, so viel kürzer als bei uns. Kille hat noch viel Lebenszeit vor sich, sie ist erst 41.

Sie fährt mit ihrem Land Rover („ein fahrendes Yogastudio, so leise und erhaben") nach Kopenhagen, wo sie immer wieder Beratungsaufträge für Gastronomen oder Lebensmittelverarbeiter hat. Sie vermisst Kopenhagen nicht, aber es ist nicht weit in ihre ländliche Idylle. Da, wo ihr kleiner Hund Nele mit den Füchsen spielen kann und kleine Hasen jagt. Nele würde auch mit Wildschweinen, die dort reichlich vorkommen, spielen, sagt Kille, aber das wäre etwas gefährlicher.

Geheimrezept aus Killes Küche

Am Abend bereiten wir ein großes Lachsfilet mit Haut für den Ofen vor. Vorher streichen wir den Fisch dick mit Zitronen-Pickles ein, einem genialen Produkt aus ihrer Küche, die man „auf Vorrat" produziert und in denen sich die wertvollen Aromen der Schale, die Bitterstoffe der weißen Schale, die leichte Süße und die Säure des Fruchtfleisches, fein zerkleinert erhalten. Das passt zu allen Gerichten, die nicht von sich aus sauer, bitter und süß sind. Heller Rohrzucker und Salz sorgen für die Haltbarkeit. Eine Abwandlung der berühmten Citrons Confits, die wir aus Marokko kennen und die man für die Tajine braucht. Dann ganz fein geschnittene Zwiebelringe und Knoblauchscheiben, eine Menge Paprika, wenig Muscovado-Zucker für die Karamellisierung, und dann gutes Olivenöl kurz vor dem Backen. Höchstens 10 Minuten bei 250 Grad!

Kille ist zu 100 Prozent Bio, aber keine rein vegetarische Angelegenheit, denn sie hat es mit dem Fleisch. Jedes Rezept ist einfach, aber es strotzt nur so vor neuen Ideen, neuen Kompositionen, frisch gemörserten Mengen von Gewürzen, die Basenbringer, wie in Indien. Bei vielen Gerichten gehören Früchte dazu, oft getrocknet und dann zerkleinert, kleine Pralinees als Überraschung in der Speise. Ein Sauerteig ist so schnell gemacht, wenn man es richtig macht, kleine Vollkornfocaccias als Unterlage für aromatische Cremes und Chutneys, ihr im Kochtopf gebackenes Brot ist sensationell saftig und gschmackig. Hülsenfrüchte wie Linsen oder Getreide wie Einkorn schmecken nie langweilig und einseitig. Immer sind sie im Gericht kombiniert mit etwas Unerwartetem, damit sie neu und angenehm wahrgenommen werden können. „Wir haben ein breites Geschmacksempfinden, das man nutzen soll."

Wir verbringen lange Abende im Gewächshaus, bei langen Sonnenuntergängen und mit genialen neuen Kille-Gerichten. Sicher hätten sehr viele Menschen Spaß daran, sich von Kille bekochen zu lassen, aber Kille sagt, sie hätte dieses Thema (eigenes Restaurant) erst mal bis auf Weiteres „durch". Man muss schon weit reisen, sehr wahrscheinlich durch ganz Europa, um so etwas erleben zu können.

....

Zitronen-Pickles von Kille Enna

Die Zitronen-Pickles mit ihrer säuerlichen Note sind so etwas wie der Inbegriff meiner Küche. Der Geschmack ist raffiniert, sehr anpassungsfähig und harmoniert mit den meisten Gerichten – ganz gleich, ob süß oder herzhaft. Suchen Sie dafür aber stets die absolut besten Zitronen aus, die Sie finden können. Da das Hacken viel Zeit in Anspruch nimmt, verwenden Sie dafür möglichst einen Zerkleinerer.

Zutaten für ca. 300 g: 500 g vollreife unbehandelte Bio-Zitronen
40 g Fleur de Sel
175 g heller Rohrzucker
250 ml Wasser

Zubereitung: Zitronen heiß abwaschen, in dünne Scheiben schneiden, alle Kerne entfernen und Zitronenscheiben sehr fein hacken. Fleur de Sel untermischen und Zitronen bei Zimmertemperatur bis zum nächsten Tag (etwa 24 Stunden) durchziehen lassen.

In einen Topf geben, Rohrzucker und Wasser hinzufügen und zum Kochen bringen. 20 bis 30 Minuten sanft köcheln lassen, bis eine dicke Masse entsteht, die leicht durchsichtig ist.

Zitronen-Pickles in ein sauberes Einmachglas füllen und an einem trockenen, kühlen, dunklen Ort lagern. Geöffnete Gläser sollten im Kühlschrank aufbewahrt werden. Hier halten sich die Pickles problemlos bis zu einem halben Jahr.

(Aus dem Buch „Der echte Geschmack" von Kille Enna und Georg Schweisfurth, Christian Verlag 2011)

....

Für Georg

Zitronen-Pickles

2011

Zutaten
Ergibt Etwa 300g

500 g Vollreife
unbehandelte Zitronen
40 g Fleur de Sel
175 g heller Rohrzucker
250 ml. Wasser

Susanne und Jesper Hovmand-Simonsen
Knuthenlund, Lolland, Dänemark
www.knuthenlund.dk

Vielfalt auf dem Hof statt Monokultur im Kopf

Der dänische Familienbetrieb Knuthenlund steckt voller Superlative: beste Schaf- und Ziegenkäse Europas, spektakulärer Hofladen und größter Bio-Getreideerzeuger Dänemarks.

Unser Auto bringt uns in den tiefen Süden Dänemarks auf Lolland, nicht weit von der deutschen Ostseeküste entfernt. Kirsten, meine Lebensgefährtin, Kille und ich sind am frühen Morgen in Südschweden losgefahren. Wir kommen heiter in Knuthenlund an. Ein warmer Sommertag Mitte Juni. Kille wollte auch einmal diese berühmte Bio-Farm besuchen und die Eigentümer treffen, von denen man so viel Schönes gehört hat.

Ruhig liegt der große alte Vierseithof in wogenden Getreidefeldern und grünen Wiesen mit Hunderten von weißen Punkten mit wenigen braunen Sprenkeln: Schafe und Ziegen. Eine uralte Allee weist uns den Weg, eine neu angepflanzte mit ganz kleinen Eichen geht in die andere Richtung von der Hofeinfahrt ab. Die Gebäude sind aus Backstein und Holz, das dunkelrot gestrichen ist, wie im Skandinavischen üblich. Alles ist wohlaufgeräumt, der Hof riesig! Da kann man viel machen. Ich denke sofort an Herrmannsdorf und die vielen Möglichkeiten, die man hat, wenn man Platz hat, aber auch die Arbeit, die dahintersteckt. Beim Aussteigen umschmeichelt uns die warme Meeresluft.

Die ausnehmende Gastfreundschaft von Susanne und Jesper überwältigt uns fast. Die Begegnung mit Susanne, die strahlend aus dem Haus kommt, ist vom ersten Moment an wie die von Freunden oder von Brüdern und Schwestern im Herzen, denn sie weiß ja, welchen Background wir haben. Wir sind alle überzeugte Bio-Macher. Ottilie, ein Jahr alt, sitzt auf Susannes Arm, schaut durch ihre großen Augen auf uns Neuankömmlinge – sie ist offenbar Besuch gewohnt. Susanne ist hier aufgewachsen. Ihrem Vater gehörte Knuthenlund, bevor sie es 2006 übernahm. Knuthenlund gehörte zu Knuthenbo Castle, ein paar Kilometer entfernt, und wurde 1792 gebaut. 1884 wurde es jedoch komplett abgerissen, um es im englischen Stil wiederaufzubauen. Altes Material wie die Dachziegel, die Öfen und die Türen und Tore wurden wiederverwendet. Sehr bemerkenswert! 1913 wollten die Herren von Knuthenbo ein großes Schiff bauen und hatten das Geld nicht dazu, also verkauften sie Knuthenlund an Susannes Urgroßvater, J. P. Herman Hensen.

Vom Saulus zum Paulus

Der Lebensweg von Susanne ist eine Saulus-zum-Paulus-Geschichte. Sie ging mit achtzehn in die weite Welt hinaus, studierte in Sydney International Business und arbeitete dort dann einige Jahre im Im- und Export. Zurück in Kopenhagen, arbeitete sie für einen Großhändler, der mit Lebensmitteln für die europäischen Supermärkte handelte, und als Product Managerin im Marketing einer Supermarktkette. Sie lebte ein city life, mitten in der Altstadt von Kopenhagen. „Es waren coole Jahre", sagt sie strahlend. Aber sie mochte die Supermarktwelt nicht. Es ging nur um Effizienz. In Susannes Augen waren es verwirrte Menschen, die dort arbeiteten. Im Abendstudium studierte sie Kunstgeschichte, das „machte meinen Kopf offener". Und es war auch wichtig für die Entscheidung, Knuthenlund zu übernehmen. Der Hof lief nicht gut. Der Unternehmensberater sagte: Schmeiß zwei von vier Mitarbeitern raus. Die Felder waren überdüngt mit flüssigem Stickstoff, die Halmverkürzer, ebenfalls chemische Präparate, machten die Getreidequalität schlechter. Thomas Hartung, der Gründer von Aarstiderne, dem größten Home-Delivery-Projekt Europas und überzeugter Bio-Pionier in Dänemark, den ich gut kenne und schätze, hat Susanne schließlich überzeugt, umzustellen. Sie ist dann eineinhalb Jahre zu ökologischen Höfen gereist, um den Bio-Landbau zu erlernen. Gemeinsam mit ihrer Steuerberaterin lud sie im Sommer 2007 einige Banker nach Knuthenlund ein, um ihnen von ihrem Vorhaben, eine Molkerei zu bauen, zu erzählen: „Ich brauchte Kredite, um das alles, was ich vorhatte, zu finanzieren." Sie war damals noch ganz al-

Jesper Hovmand-Simonsen hat gemeinsam mit seiner Frau Susanne in wenigen Jahren das sehr bekannte Knuthenlund aufgebaut – konsequent ökologisch und vielfältig.

lein. Susannes Vater, der vor ihr den Hof bewirtschaftet hatte, war skeptisch. Das hat sich angesichts des Erfolgs heute längst gelegt. Sie erinnerte sich an ihren Großvater, der in den fünfziger Jahren seine Molkerei aufgeben musste und darüber sehr traurig war. Hier wollte sie wieder anknüpfen.

Reichlich Platz für passionierte Milchmenschen

Der alte „Dairy Guru" – so nennen ihn Susanne und Jesper – Mogens Kirk half ihr beim Aufbau der Schafherde und der Molkerei. Ein großer Raum für die Melkvorrichtung sowie eine Käserei mit Produktion und Reiferäumen sollten die wichtigsten Bestandteile des neuen Konzepts sein. Zwischen diesen zwei Bereichen sollte der „Farm Shop" entstehen, mit großen Fenstern zu den Schafen und Ziegen auf der einen und in die Produktion auf der anderen Seite.

Dann das wunderbare Schicksal: Auf einem Schulball traf Susanne ihren alten Klassenkameraden Jesper Simonsen wieder. „Ich will deine Molkerei sehen", sagte er gleich, als klar wurde, dass offensichtlich beide „Milchmenschen" sind. Jesper hatte das Käserhandwerk erlernt und war (und ist) selbstständiger Produktentwickler und Anlagenplaner im Molkereiwesen. Susanne genießt es, ihre Geschichte zu erzählen, die fast zu schön ist, um wahr zu sein.

Große Liebe, großer Käse

Es wurde nicht nur klar, dass Susanne und Jesper „fachlich" zusammenpassten, sie verliebten sich auch ineinander. Jesper zog in

Knuthenlund ein und übernahm 2010 die Käserei. Seitdem läuft die Sache rund. Innerhalb kürzester Zeit stellte er ein beeindruckendes Programm von Käsen zusammen und gewann auf Anhieb zwei „Supergold-Medals for Cheese" in Birmingham. Die Jury bestand aus 14 Richtern. Jedes Jahr werden die Käse auf den jährlichen Käse-Wettbewerb nach Wisconsin zur Beurteilung geschickt. „Wisconsin claims to have the real price for the best cheese in the world." Jesper ist stolz darauf, ruhig erzählt er, wie es ihm geht, seitdem er hier ist. Er hat gearbeitet „bis zum Umfallen", und am Wochenende kommen Besucher, die man auch nicht einfach abweisen will. Solange die kleine Familie hier auf dem Hof wohnt, wird das auch so bleiben.

Ostern 2009 gab es die erste Melkanlage auf Knuthenlund. „Ich wollte etwas produzieren, was ich selber mag und kaufen würde", sagt Susanne. Die Konsumenten haben neue Wünsche und Ansprüche, sie protestieren immer wieder in Kopenhagen gegen die falsche Politik und die Machenschaften der konventionellen Landwirtschaft samt den Gefahren, die von ihr ausgehen. „Viele von den Entscheidern in der Landwirtschafts- und Lebensmittelbranche sind nicht gut ausgebildet und haben kein Gefühl für die Natur, sie wollen diese immer nur kontrollieren, anstatt mit ihr zu leben", so Susanne, und weiter: „Sie verkennen in ihrer Kritik an uns, dass wir auch nicht zurück ins Mittelalter wollen, sondern mit einer menschengerechten Technik arbeiten wollen, die Qualität zulässt."

1600 Hektar Bio-Getreide mit Insektenstreifen

Auf dem Land von Knuthenlund gibt es kleine Feldgehölze, alte Hecken, ein kleiner Bach fließt über ihr Grundstück. Braune Forellen gibt es darin. Geschützte Froscharten leben hier, vom Aussterben bedrohte Orchideenarten säumen das Ufer. Seeadler gibt es. Die Gegend hier ist Teil von „Natura 2000", dem ambitionierten EU-Projekt, zu dem auch die Dehesa San Francisco in Andalusien gehört, auf der ich vor einigen Monaten war. Kultursoziologen haben elf verschiedene Kräuterarten wie wilden Oregano auf den 150 Hektar Wiesen gefunden, zwischen gemischten Grasarten und Klee. Auf den 1600 Hektar Ackerfläche wächst Dinkel und „Olan Sweet", eine alte skandinavische Weizensorte. Winterweizen und Gerste für die Biermalzproduktion runden das Programm ab. Knuthenlund ist der größte dänische Bio-Getreideerzeuger. Susanne hat etliche Kilometer Hecken gegen die Erosion und als Rückzugsort für Nützlinge gepflanzt, 10 Prozent der Ackerflächen bleiben als „Insektenstreifen" unbewirtschaftet.

600 Schafe und 150 Ziegen leben hier. Die Schafe, vor allem die weißen Merinos und Ostfriesische Schafe, sind im Sommer 24 Stunden draußen, und zwei Monate im Winter im Stall. Die Ziegen, Saanen, Toggenburger und die Alte Dänische Landrasse, sind im Winter unterschiedlich widerstandsfähig: Während die „Dänen" – oben schwarz und am Bauch weiß – besser für das raue dänische Klima taugen, sind die Saanenziegen mangels „Unterwolle" eher fröstelig drauf, sie sind vier Monate im Stall. Im Winter wird den Tieren Heu gefüttert, keine Silage!

Schafe lieben Luzerne

Im Jahr kommen 700 Lämmer zur Welt. Die männlichen Tiere werden kastriert. Schafe und Ziegen leben samt Nachzucht zusammen, auch die Milch wird „gemeinsam" erzeugt und gemolken. Schafe sind „top-grassers", Ziegen „bottom-grassers", also eine perfekte Symbiose zur optimalen Bewirtschaftung der Wiesen. Den Schafen wird der Tisch mit Luzerne gedeckt: „Schafe lieben Luzerne!" Die Tiere sollen so langsam wie möglich wachsen und bekommen daher kein Kraftfutter. „Wiederkäuer brauchen kein Kraftfutter", erläutert Susanne. Ich verbringe zwei Stunden mit Kirsten, Kille und Susanne auf den Wiesen zwischen den Tieren und es ist herrlich. Manche Schafe sind zutraulich, andere hocken wiederkäuend auf der Wiese, und die Ziegen sind wie immer sehr aufmerksam und neugierig. Es ist ein Erlebnis, diese eleganten Wesen um sich zu haben, und es erinnert mich an Süd-

Schaf- und Ziegenmilch und 700 Lämmer im Jahr bringt Knuthenlund hervor. Den ganzen Sommer über und auch im Winter sind die Tiere auf den Wiesen rund um Knuthenlund unterwegs.

frankreich bei Denis und Brigitte, bei Nelly und Christophe auf meinen beiden Ziegenhöfen.

Die Zicklein bleiben sechs Wochen bei der Mutter und dürfen Milch saugen, nicht wie in der konventionellen Landwirtschaft nur drei Tage, und danach gibt es dort nur Milchaustauscher! 15 Prozent der Zicklein sterben deshalb, für Susanne ein absolutes No-Go, auch deshalb hat sie sich für den natürlichen Weg entschieden.

Und dann der Melkstand. 50 Ziegen und Schafe auf einmal werden dort gemolken, zweimal am Tag. Um vier Uhr geht es los, um fünf Uhr beginnen die Käser mit ihrer Arbeit. Der Käse wird handgeknetet, leicht gesalzen und dann in die Formen gepresst. Etwa 70 Mal wird ein Käse in die Hand genommen, geschmiert, gewendet, gepflegt, bevor er fertig ist. In der Regel wird Käse aus beiden Milchsorten erzeugt, vor allem der Hartkäse. Für die sehr schmackhaften Weichkäse wie Rotschmier- und Camembert-Sorten mit weißem Schimmel wird die Milch extra gemolken, damit man reinen Ziegenkäse machen kann. Das ist ja das Wertvollste, was eine Käserei hervorbringen kann. Und hierfür ist Jesper mittlerweile berühmt.

Totaler Durchblick in Molkerei und Käserei

Das Design des Logos und der Käseverpackungen sprechen eine hochwertig-luxuriöse Sprache, die der Qualität der Käse entspricht. Der Hofladen ist eine schmale Scheibe in dem riesigen Hauptgebäude zwischen Käserei und Melkstand, sehr hoch und mit riesigen, sorgfältig platzierten Gemälden von Tieren und Produkten ausgestattet. Eine moderne Kühltheke, dahinter sieht man die hell erleuchtete Käserei, die weiß gekleideten Käser sind bei der Arbeit, ein Café-Bereich mit Holztischen und Stühlen, die mit Schaffellen belegt sind, alles sehr rein und nicht überladen. Man blickt in den Innenhof, in dem die landwirtschaftlichen Mitarbeiter werkeln, und sieht den Schafen und Ziegen auf ihrem Weg in den Melkstand zu. Bei der Kasse sieht man durch das große Fenster in die mondäne Auffahrtsallee. Gegenüber der Theke schaut man schließlich in die langen Reihen des Melkstandes, die nette Ziegenmagd lacht durchs Fenster und winkt den Kundinnen und Kunden zu. Ein älterer Franzose, Käsekenner durch und durch, verkauft uns eine Menge Käse als Mitbringsel für daheim. Er ist auch auf den Märkten unterwegs und besucht die Käsefachgeschäfte in Kopenhagen, selbstverständlich Knuthenlund-Käse im Gepäck.

Susanne und Jesper berichten am Abend in ihrer Küche beim Braten davon, was sie noch alles vorhaben und wie sie die Zukunft der Bio-Bewegung in Skandinavien sehen. Dänemark hatte eine schlechte Esskultur. Auch bei den Hovmands gab es in Susannes Kindheit nur schlimme Sachen wie „Hornfish", eine brettharte, salzige Angelegenheit, „Boiled Ham" mit einem Haufen Pökelsalz oder „Saturday Chicken", ein „geschmackloses, zerbratenes, trockenes Etwas", in Alufolie gebraten. „Saturday Chicken" ist in Dänemark zum Schimpfwort geworden, schneidender als „McDonald's". Die Ernährung in Schweden ist weit besser als in Dänemark. „Heringfestivals" und „Krabbenwochen" sind dort noch üblich, in Dänemark ist die Lebensmitteltradition unter der Intensivlandwirtschaft verschwunden. Jesper fängt an zu philosophieren: „food and memory" – durch das gemeinsame Essen schaffst du Gemeinschaft und es erleichtert die Erinnerung an Dinge, Plätze und Menschen.

Bio ist ein wunderbarer Wettbewerb

In Dänemark gibt es heute vielleicht gerade wegen der brutalen Monokultur und der Dominanz der industriellen Landwirtschaft als Gegenbewegung viel „Organic", mehr als in Schweden. „Jeder will es besser machen, ein wunderbarer Wettbewerb", wie es Jesper ausdrückt. Und eine Vielfalt, die interessant für die Menschen ist. Es gibt in Dänemark mittlerweile so viele Mühlenbetriebe wie noch nie zuvor, die Menschen kochen viel, gut und zu Hause. Auch das Miteinander hat eine neue Bedeutung bekommen: „community and collective values" nennt Jesper das. Das „ich, ich, ich!" nimmt ab. Die Menschen wollen ehrliche Produkte, und Ehrlichkeit in jeder Hinsicht. Sie wollen nicht mehr mit Fake-Produkten betrogen werden.

In Knuthenlund wird in den kommenden Jahren noch viel gebaut, abgerissen und neu gestaltet werden. Wenn man Susanne und Jesper erzählen lässt, sprudeln die Pläne nur so heraus, etwa die Mühle mit eigener Getreidereinigung und -trocknung, Seminarräume und eventuell eine Hofmetzgerei, der absolute Traum von Jesper. Ein Gästehaus könnte man sich auch vorstellen, und zwar im alten Herrenhaus, in dem die drei derzeit wohnen und in dem die Büros untergebracht sind. Aber das wird noch zu entscheiden sein, wenn die beiden sich geeinigt haben, ob sie weiter auf dem Hof leben wollen oder nicht doch lieber „in Ruhe" in einem anderem Haus auf ihrem Land. Denn je mehr die beiden auf die Beine stellen, umso mehr wird Knuthenlund zur Attraktion. Und wenn die Fehmarn-Belt-Brücke in einigen Jahren fertig sein wird, wird Dänemark (und über die Öresundbrücke auch Schweden) gut an den Süden angekoppelt sein und mehr Besucher nach Skandinavien locken. Die beiden wollen zwar vielfältig und in möglichst geschlossenen Kreisläufen auf dem eigenen Hof erzeugen, dabei aber nicht größer werden, als ihr Land hergibt: „Man kann mit 10 Millionen Kronen Umsatz leicht mehr verdienen als mit 100 Millionen." Man muss nicht groß sein, um gut zu verdienen, vielleicht verhält es sich sogar umgekehrt. Ich denke an Flohs Leitsatz „Erhalten statt Wachsen".

Im Juli kreuzten sich unsere Wege wieder. Auf dem Weg nach Osttirol zur Familie Grehn, die die besten Stein-Getreidemühlen der Welt baut, besuchten uns Ottilie, Susanne und Jesper in Sonnenhausen und Herrmannsdorf. Es ist nun eine schöne Freundschaft entstanden, und das hat unter anderem einfach damit zu tun, dass wir ähnlich „ticken" in unseren Köpfen: keine Monokultur!

Das Design der Milchprodukte-Verpackungen prägt – wie die wunderbaren Zeichnungen im Hofladen und auf den Käseverpackungen – das moderne Bild von Knuthenlund.

Mogens Biune
Schulgarten, Krogerup,
Humlebaek, Dänemark

Mogens' essbarer Schulgarten

Wie können Kinder lernen, für ihre eigene Ernährung zu sorgen? Mogens
Biune, der in Dänemark seit Jahrzehnten für Bio steht, hat einen essbaren
Schulgarten entwickelt, der mittlerweile als Vorbild fürs ganze Land gilt. Und
mit Søren Ejlersen steht ihm ein Koch zur Seite, der sowohl mit dem prächtigen selbst gezogenen Gemüse als auch mit den Kindern umzugehen weiß.

Der alte Mann, der den Öko-Landbau in Dänemark stark mitgeprägt
hat, hat uns in Sonnenhausen und Herrmannsdorf häufig besucht.
Mogens Biune ist einer, der den Blick zu allen Zeiten über den eigenen
Tellerrand richten konnte und einigen heute sehr erfolgreichen Projekten aus den Kinderschuhen geholfen hat. Für mich war es immer
sehr inspirierend, einem so begnadeten Erzähler wie Mogens zuzuhören. Denn bei ihm spielen immer das richtige Maß im Unternehmen,
die tiefe Begeisterung für eine Sache, die Freude, das Menschliche im
Leben die entscheidende Rolle. Das sind die vier Pfeiler des Erfolgs. Da
spricht er, der ja viel mehr Erfahrung hat als ich, mir aus dem Herzen.
Es hat sich über die Jahre, die wir uns nun schon kennen, eine tiefe
Freundschaft entwickelt. Übrigens ist er ein feiner Mann mit besten
Deutschkenntnissen.

Erfolgsprojekt Aarstiderne

Schon lange berät er Søren Ejlersen und Thomas Hartung. Die
beiden haben 1998 das über die Grenzen Dänemarks hinaus bekannte
Bio-Box-System „Aarstiderne" gegründet, etwa zur gleichen Zeit wie
wir basic. Obst, Kräuter und Gemüse, Milch und Käse, Fleisch und Fisch,

Eier und alle anderen Bio-Produkte für eine feine ökologische Küche werden auf Vorbestellung über das Internet in ganz Dänemark und Südschweden ausgefahren. Inzwischen werden pro Woche 40.000 Pakete gepackt. Gemüse und Obst werden in der Nähe von Kopenhagen durch Aarstiderne selbst angebaut. „Meal Solutions" ist die neueste Erfindung der beiden, mit durchschlagendem Erfolg. Aber darüber wollen wir hier nicht berichten, sondern über die Frage, wie wir die Kinder von heute über Bildung so in die Idee der nachhaltigen Lebensmittelwirtschaft einbinden, dass sie selbstbewusst und praktisch zupackend für ihre eigene Nahrung zu sorgen lernen. Und dass „das tägliche Brot" ursprünglich nicht aus dem Kühlregal im Supermarkt kommt.

Schulgärten wie früher

Im Grunde ist es eine Retro-Innovation, das Auflebenlassen einer Tradition, die in den vergangenen 50 Jahren untergegangen ist: die Schulgärten, die wie selbstverständlich zu jeder Schule gehörten, und die es heute nur noch in einigen Waldorfschulen gibt. Das hatte auch die Stadt Kopenhagen im Sinn, als sie vor gut zehn Jahren auf Mogens Biune zuging und ihn fragte, ob er nicht so etwas entwickeln könne. Nun, man braucht dazu Ökologen, Gärtner, Pädagogen. Auf die Frage, was er denn glaube, was so ein Schulgarten koste, antwortete Mogens spontan: 5000 Kronen pro Jahr für eine Schulklasse! Das sind etwa 700 Euro. Die Stadt Kopenhagen sicherte ihm das Geld zu, er stellte eine junge Gärtnerin ein und begann, neben den Gemüsefeldern von Aarstiderne in Krogerup einen vielseitigen Garten anzulegen.

Mit dem Geld aber hatte sich Mogens verschätzt: Nur acht Klassen haben sich im ersten Jahr angemeldet, viel zu wenig, um mit den Kosten über die Runden zu kommen! So musste er sich also mangels Geld selbst um die vielen Kinder kümmern, die fortan einmal pro Woche von Frühling bis Herbst nach Krogerup kamen, um zu säen, zu hacken, zu pflegen und zu ernten. „200 Kinder! Das ist sehr viel für einen alten Mann." So ging das einige Jahre.

Kochen unter freiem Himmel

Mogens wurde schnell klar, dass es mit dem Gärtnern allein nicht getan war. Die Kinder sollten auch lernen, was sie mit den vielen Gemüsesorten kochen können. In den meisten Familien wird nicht mehr wie früher frisch gekocht, und die Mütter wussten zum Teil gar nicht, was sie mit den Gemüsen anfangen sollten, die die Kinder mit nach Hause brachten. So entwickelte Mogens mit Søren Ejlersen, dem Küchenmeister und Gründer von Aarstiderne, ein einfaches Küchenkonzept unter freiem Himmel. Hier können die Kinder unter Anleitung das Gemüse waschen, schnippeln, die Kräuter hacken, auf offenem Feuer kochen und braten, und gemeinsam am großen Tisch die selbstgemachten Gerichte verspeisen. Das war überhaupt der Clou, weil der Schulgarten so plötzlich einen Sinn für das tägliche Leben der Kinder zu Hause in der Stadt bekam!

Und dann passierte es – wie so oft bei innovativen Projekten, die anfänglich Durstphasen durchzustehen haben, bevor der Durchbruch kommt: Eine dänische Frauenzeitschrift berichtete über den Schulgarten, das Fernsehen rückte an und filmte, und irgendwann bekam das dänische Landwirtschaftsministerium „davon Wind", wie Mogens es ausdrückt, und fragte: „Wie macht ihr das?" Und Mogens antwortete: „Wir haben kein Geld." Und das Geld kam.

Heute sind es 32 Schulklassen, der Garten ist 10 Hektar groß, es sind fünf Gärtner-Pädagogen angestellt. Eine dänische Stiftung hat das so wichtig und gut gefunden, was Mogens da macht, dass sie neben den Zuwendungen des Ministeriums seit acht Jahren jährlich 3 Millionen Kronen (ca. 400.000 Euro) gibt. „Das muss man in ganz Dänemark so machen", fanden sie. „Mittlerweile beraten wir ganz Dänemark in Sachen Schulgärten, zum Beispiel auch in Aarhus und Odense", erzählt Mogens.

Der Schulgarten ist nicht „durch Konzept" entstanden, sondern hat sich gemäß den Bedürfnissen der Kinder entwickelt. „Entwicklung durch

Der Schulgarten ist an Krogerup angeschlossen, dem Hof, auf dem das bekannte Bio-Box-Unternehmen „Aarstiderne" vor 15 Jahren begonnen hat.

181

Nachfrage" sozusagen, nicht als visionärer Akt. Das ist die stabilste Form von Entwicklung. Der Schulgarten ist natürlich auch gut für Aarstiderne und die ganze Bio-Branche des Landes, denn die Kinder von heute sind ja bekanntlich die „Kunden von morgen". Das, was bei uns als Innovation verkauft wird, die schulische Ernährungsbildung, ist hier schon seit zehn Jahren gang und gäbe. Es erinnert mich auch an Roswitha Huber in der „Schule am Berg" in Rauris, die es sich in den Kopf gesetzt hat, den Kindern das verloren gegangene landwirtschaftliche Wissen zu vermitteln. Das „wieder selber machen", das „mit nach Hause bringen" von etwas, was man selbst gemacht und erfahren hat. Das bleibt für immer. Irgendwann werde ich Mogens und Roswitha zusammenbringen.

Søren Ejlersen ist ein bekannter Koch in Dänemark, denn er hat mittlerweile eine wöchentliche Fernsehsendung auf „MadBio", dem Aarstiderne-Fernsehkanal. Die Dänen lieben ihn. Ein sehr kreativer und sympathischer Mann, den ich inzwischen auch bei uns empfangen habe und den ich sehr schätze „Er schwebt immer einen Meter über dem Boden", so beschreibt Mogens seinen jungen Freund mit großem Respekt. Mogens gibt Søren dreimal in der Woche Reitunterricht, die beiden sind ein bisschen wie Vater und Sohn. „Ohne ihn wäre das Schulgartenprojekt nicht so bekannt und erfolgreich. Durch ihn sind wir in Dänemark bekannter als manches Unternehmen, das 200 Jahre alt ist", sagt Mogens.

Improvisation macht Spaß

Wir schlendern über die weiten Flächen des Schulgartens. Weit unten der Waldrand, riesige alte Eichen stehen in den Feldern. Dass das dicht besiedelte Dänemark noch solch ein Paradies hat, ist Thomas Hartung zu verdanken, der dieses „Biokapital" vor der Spekulation schützt, hier, so nah an Kopenhagen. Ihm gehört das Land, und er ist ein echter Bio-Unternehmer, der über die Grenzen Dänemarks hinaus bekannt ist. Die Kinder sind in den Ferien. Wenn sie zurück sind, geht schon die Ernte der Beeren und der Herbstgemüse los. Unkraut muss jetzt nicht mehr gejätet werden, es wird als Gründüngung im Winter gebraucht. Die Mitarbeiter des Schulgartens bauen einen großen Holzofen im Freien: „Selfdesign", sagt Nils, der sympathische Leiter des Projektes, und lacht. Mogens zeigt uns die alten Ölfässer, die sie zu Kochherden umfunktioniert haben, ein Loch an der Seite zum Anfeuern und eines oben, um den Topf hineinzustellen. Und die großen Holzbottiche zum Spülen des Geschirrs. „Ganz einfach muss es ein, damit es wirkt", sagt Mogens, und meint damit wohl, dass er den Kindern zeigen will, dass gutes Essen auch ohne viel Technik, ohne große Investitionen zu machen ist.

Wenn es regnet, gehen alle in die geräumige alte rotbraune Scheune, wo die Kinder in der Tenne an großen Tischen essen können. Hier ist auch das ganze Equipment untergebracht, das man im Schulgarten braucht, und ein kleiner Unterrichtsraum. Im Nebengebäude findet sich der Hofladen und der großzügige, modern eingerichtete Saal, in dem Søren seine Kochkurse abhält. Jedes Kochteam hat eine kleine rollbare Küche mit Kochplatten und Öfen, mit großen Arbeitstischen, Waschbecken und Kühlelementen. „Das ist die Schulgartenküche für die Erwachsenen", erläutert Nils.

Mogens war vor einigen Jahren bei uns in Sonnenhausen und sagte, wir sollten kommen und uns das anschauen. Seitdem ist der Schulgarten von Mogens Biune quasi der Prototyp für den Küchengarten und die Gartenküche in Sonnenhausen, ein Projekt, das wir im letzten Jahr für unsere Gäste entwickelt haben. Hier steht auch das „wieder selber machen" im Vordergrund, und die Anbindung an die Natur, das „draußen sein". Die Kinder und Erwachsenen werden selber die Salate, Kräuter und Gemüse und Beeren ernten, draußen die Speisen zubereiten und unter simplen Strohdächern gemeinsam bei Kerzenlicht verspeisen. Der Küchengarten ist fertig, die Gartenküche haben wir im Sommer 2013 eingerichtet. Ganz einfach: „eat your own garden", wenn der Sommer da ist und du alles in der Nähe hast, was du brauchst. Danke für die Inspiration, Mogens!

Der Schulgarten von Mogens ist Beispiel für ganz viele dänische Schulgärten geworden – er hat einen regelrechten Boom ausgelöst!

Familie Saahs
Nikolaihof, Mautern, Wachau,
Österreich
www.nikolaihof.at

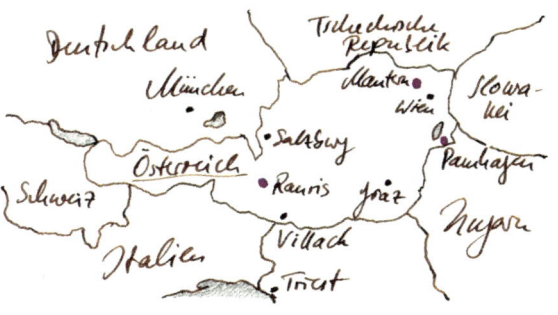

Wein mit tausendjähriger Vergangenheit

Familie Saahs beweist mit ihrem Nikolaihof in der Wachau seit Jahrzehnten, dass das Vertrauen in uralte Tradition und in die Selbstregulierungsfähigkeit der Natur die besten Weine hervorbringt.

Ich fahre in die Wachau zu dem als etwas Besonderes angepriesenen Weingut Nikolaihof, gleich bei Krems. Es geht vorbei an der riesigen Abtei Melk, bevor ich nach Mautern komme, wo das alte Weingut liegt. Um mich herum die bewaldeten Berge, durch die sich die Donau mit ziemlich großer Geschwindigkeit fädelt.

Christine und Nikolaus Saahs, ihr Sohn, empfangen mich an dem alten großen Rundbogentor, mitten in Mautern an einer kleinen Gasse gelegen. Dahinter öffnet sich ein riesiger Hof mit einer großen Linde, unter der die hölzernen Gartentische sauber aufgereiht stehen. Zum Hofensemble gehört auch eine Kapelle, die auf den Überresten einer frühchristlichen Agapitus-Basilika erbaut wurde, in der, wie Christine mir erzählt, unter Bischof Pilgrim von Passau im Jahre 985 eine Synode stattfand. Schon zur Römerzeit wurde hier Wein angebaut, sehr wahrscheinlich sogar schon früher, zur Zeit der Kelten. Der Nikolaihof ist also eines der ältesten Weingüter Österreichs. Ich befinde mich auf einem geschichtsträchtigen Platz. Dieser Freihof wurde 1075 als Sitz der Gutsverwaltung des Passauer Stifts St. Nikola erwähnt, die heutige Kapelle ist von den Augustinern des Stifts errichtet worden. Die Prunksäle im ersten Stock des Anwesens, in denen große Feiern stattfinden, zeugen von der besonderen Geschichte.

Nikolaus Saahs hat den gleichen Vornamen wie Vater und Großvater – kein Wunder. Hier steht er in seinem Weingarten hoch oben über der Donau bei Krems, mit Blick auf Mautern gegenüber.

Geprägt von der Geschichte dieses Hofes ist auch die Art und Weise, wie die Saahsens den Hof führen. Sie spüren die Kraft, die dem Ort durch seine „heilige" Geschichte innewohnt. Das drückt sich auch in der Entscheidung aus, sich dem Demeter-Bund anzuschließen, denn hier finden sie die Antworten auf ihre philosophischen Fragen: Wie wirken die Kräfte in der Natur, in der Pflanze, im Boden? Wie können wir sie für uns optimal nutzen? Welche Rolle spielen wir Menschen in diesem großen Zusammenspiel? „Das Zusammenwirken von irdischen und kosmischen Kräften, zum Beispiel die des Mondes, wird gezielt gefördert", erklärt Nikolaus Saahs. Da muss man schon den Pfad der materiellen Welt verlassen, das nicht genau Erklärbare auch mal zulassen, und sich auf einen spirituellen Weg begeben.

Auf der Kreuzung der beiden Linien im Innenhof, die von der Kirche und der Linde ausgehen, ist ein Kraftplatz, den Pendler und Seher schnell herausfinden. Christine berichtet, dass sich die Menschen gern an diesem Platz versammeln, intuitiv, sagt sie, denn sie wissen ja nicht, dass hier früher der Altar stand und der Priester predigte.

Demeter-Weine vom Feinsten

Nikolaus ist verantwortlich für das Weingut. Er ist ausgebildeter Önologe und hat den Betrieb von seinem Vater übernommen. Das Weingut besitzt einen Weinkeller mit zum Teil uralten Fässern, die aus Eiche mit aufwendigen Schnitzereien gefertigt sind. Wenn man sich in diesem Keller befindet, spürt man die tausend Jahre förmlich, die dieser bereits besteht. Der Keller wurde in eine römische Unterkirche gebaut. Da sich der Kellerboden im Laufe der Jahrhunderte um etwa einen Meter senkte, sieht man an den Wänden die „Jahresringe", die von oben nach unten heller werden, weil die dunklen Ablagerungen weniger werden. Dieser Keller ist der ganze Stolz der Saahsens.

Wir bestaunen auch die etliche Jahrhunderte alte Weinpresse, die für besondere Ernten auch heute noch verwendet wird. Ein riesiger rechteckig beschlagener Eichenbalken von etwa 10 Meter Länge liegt auf dem großen Fass und dessen Kolben, um mit seinem Gewicht den Wein zu pressen. Lange wurde sie nicht benutzt, aber der quirlige unternehmungslustige Nikolaus hat sie vor vielen Jahren wieder in Betrieb gesetzt.

Das Weingut wird nach den Regeln des Demeter-Bundes bewirtschaftet. Das sind die strengsten Richtlinien des ökologischen Landbaus überhaupt. Nach der biodynamischen Lehre Rudolf Steiners will man so wenig wie möglich in die Kreisläufe und Regelmechanismen der Natur eingreifen. Es werden natürlich keine Herbizide, Fungizide und synthetische Dünger verwendet, überhaupt keine Chemie. Auch wenn einmal Probleme im Weingarten auftauchen sollten, hält man sich strikt daran. Nikolaus erklärt mir, dass eine starke Pflanze viel weniger anfällig für Pilzkrankheiten oder Schädlinge ist. Das erfordert einen gesunden, vitalen Boden.

Eine gesunde Pflanze macht den besten Wein

Boden und Pflanzen werden mit Demeter-Präparaten geimpft. Sie werden in hohem Maße verdünnt, auf eine besondere Art gerührt und dann versprüht. Es ist wie Homöopathie für Boden und

Christine Saahs leitet die Weinstube und managt die Veranstaltungen – in den historischen Räumen des Nikolaihofes kann man Feiern für bis zu 130 Personen buchen.

Pflanze, die Präparate wirken feinstofflich, als Träger von Informationen. Sollte sich doch einmal eine Pilzkrankheit bei den schwächsten Reben zeigen, wird mit Brennnesseljauche und Baldriantee gesprüht, auch mit Präparaten, insbesondere dem sogenannten Horn-Mist-Präparat. „Man muss halt ständig gut beobachten", sagt Nikolaus, „und nicht erst handeln, wenn es zu spät ist." Rudolf Steiner hat auch gesagt, dass man ihn nicht wörtlich nehmen solle: „Geht nach Hause und denkt darüber nach, was ich gesagt habe."

Die sogenannte Gründüngung, das können zum Beispiel Kleegras oder andere Graspflanzen sein, sorgt zwischen den Rebstöcken für eine Durchwurzelung des Bodens und ist – zum richtigen Zeitpunkt untergepflügt – die ideale Speise für die Regenwürmer und Bakterien, die das Bodenleben ausmachen und dafür sorgen, dass sich der Humus aufbaut. Das geschieht durch die Verdauung der pflanzlichen Nahrung, die die Würmer aufnehmen.

Im Weinkeller werden keine für den Wein schädlichen Methoden wie übermäßiges Pumpen und Quirlen angewendet, außerdem kommt keine Umkehrosmose zum Einsatz, mit deren Hilfe in manchem Betrieb der Wein konzentriert wird. Die Weine sind trotzdem von einer ungewöhnlichen Dichte, wie man sie selten findet. Vielleicht hat das etwas mit den geringen Erträgen zu tun und damit, dass der Wein die Möglichkeit hat, langsam zu wachsen und sein Aroma zu entfalten, weil nicht synthetisch gedüngt wird. Die Nikolaihof-Weine kann man auch einmal einige Jahre reifen lassen. Jüngst hat Christine Saahs einen 18 Jahre alten Veltliner gekostet – exzellent, meint sie.

Der Nikolaihof ist nicht nur über die Präparatearbeit mit einigen österreichischen Demeter-Weinbaubetrieben freundschaftlich verbunden. Darunter auch das Weingut „Meinklang" der Familie Michlits im Burgenland. Die beiden Familien sind gut befreundet. Die Michlitsens werde ich noch besuchen.

Weißweine in großer Bandbreite

Die Grünen Veltliner, Rieslinge, Neuburger und Chardonnays sind einzigartig und Weltklasse. Auch der Süßwein, eine Trockenbeerenauslese mit dem naheliegenden Namen „Nikolauswein", ist absolute Spitzenklasse.

Eine Spezialität der Saahsens ist der sogenannte Hefeabzug, bei dem der Veltliner bis zur Flaschenfüllung im Fass auf der Hefe – man

sagt auch „auf der Mutter" – liegen bleibt. Der Wein hat einen ganz leichten Hefeton, er ist runder und erfrischender, aufmunternd eigentlich, wie Christine feststellt: „Den trinkt man, wenn man nicht schlafen will." Der Wein schwefelt sich selbst, leichte Spuren von Schwefel entwickeln sich durch die abgestorbene Hefe im Fass. Schwefel ist bekanntlich die einzige natürliche Möglichkeit, den Wein haltbar zu machen. In der Antike hat man den Wein schon geschwefelt, bis zu 7 Milligramm pro Liter Wein. Der berühmte „Wine Spectator" hat den Grünen Veltliner Hefeabzug 2010 in seine Liste der besten 100 Weißweine der Welt 2013 aufgenommen, wo er auf Platz 65 gelistet ist. „Die Leute vom Wine Spectator machen das Verkosten sehr sorgfältig, sie verkosten nicht nur einmal an einem Tag, sondern mehrmals an mehreren Tagen, um ein sicheres Ergebnis zu bekommen", sagt Christine stolz.

Den Riesling und den Grünen Veltliner „Smaragd" gibt es auch in der Magnum-Flasche, die man nicht gleich austrinken muss, wie Nikolaus erklärt: „Unsere Weine kann man auch getrost ein paar Tage offen im Kühlschrank stehen lassen, da passiert nichts!" Normalerweise macht man das ja nicht, man schließt ihn und kann ihn vielleicht einen Tag lagern, bevor er sein Aroma verliert oder sauer wird.

Informationen an die Erde

Rudolf Steiner hat in einem seiner sieben landwirtschaftlichen Kurse, die er in Kobernitz im Jahre 1924 abgehalten hat, erläutert, der erste Schöpfungsauftrag der Menschheit sei, die Erde zu erhalten und zu heilen, und zwar durch Pflanzen. So hat er spezielle pflanzliche Kompostpräparate entwickelt, die aus Kamille, Schafgarbe, Brennnesseln, Löwenzahn und Eichenrinde hergestellt werden und die als kleine Kügelchen in den Mist respektive den Kompost gedrückt werden. Baldrian wird nur gespritzt. Die der entsprechenden Pflanze jeweils innewohnende Information geht in den Kompost über und „lenkt" den Rotteprozess in die richtige Richtung. Es ist also die Information, nicht das Materielle am Präparat, das die Wirkung ausmacht. Kamille und Schafgarbe spielen da eine ganz besondere Rolle, sie werden über den Winter in speziellen Behältnissen in der Erde vergraben, ähnlich wie die Eichenrinde auch. Diese „informierten" Substanzen dienen dann im Frühjahr der Information von Boden und Pflanze. Hornmist wird tatsächlich in Rinderhörnern ebenfalls über den Winter vergraben, und der Mist im Frühjahr ausgekratzt, homöopathisch verdünnt und dann versprüht.

„Die Liebe des Menschen wird den Egoismus vertreiben", sagt Christine Saahs. Und: „Der Mensch muss Schöpfer über die Erde sein." Interessant ist, dass sie Christus als denjenigen sieht, der das Geistige in die materielle Welt gebracht hat. Und dann geht es weiter: „Das Böse musste in die Welt kommen, um das Gute zu verstehen. Die Menschheit hat die Möglichkeit, sich ständig zum Guten zu verändern, und sie ist erst am Beginn."

So endet mein Besuch am Nikolaihof. Es ist richtig, was über ihn gesagt wird: Der Nikolaihof ist etwas ganz Besonderes. Und die Menschen auch, die hier die Tradition aufrechterhalten und sicher noch über Generationen mit Freude weiterarbeiten werden.

Eingangsbereich zum Innenhof des Nikolaihofes, in dem sich auch die historische Kirche befindet.

Paul Walter
Krabbenfischer, List, Sylt,
Deutschland
www.fischerhaus-tuemmler.de

Der letzte Krabbenfischer von Sylt

Der Fischer Paul Walter blickt auf eine bewegte, nicht immer angenehme Vergangenheit zurück. Warum der alte Mann noch immer keine Ruhe gibt, und auch die Großen eine Menge von ihm lernen können, habe ich bei dem wortgewaltigen Mann auf Sylt erfahren.

Bio-Fisch hatte ich bislang auf meinen Reisen immer ein bisschen vernachlässigt, weil es ein so großer neuer und undurchsichtiger Bereich ist, speziell wenn es um die Fangmethoden und die daraus erwachsenden Überfischungsprobleme geht. Die Meinungen gehen extrem auseinander. Wie schnell sich die Bestände erholen, wenn man Fangquoten einführt, weiß man nicht. Wie das Zusammenwirken der einzelnen Fischgattungen funktioniert, ist auch nicht richtig bekannt. Dass Heringe zwischen den Austern laichen, ist zum Beispiel wichtig zu wissen. Und die Intensität der Fangmethoden hat Einfluss auf die Höhe des Beifangs, der ja hoffentlich bald in die Fangquoten eingerechnet wird. Andererseits gibt es gute Bio-Aquafarmen und auch ein paar wenige bio-zertifizierte Seegebiete, wenn mit bestimmten Methoden gefischt wird.

Ich habe mich für die Variante „Small is Beautiful" entschieden und habe den letzten Krabbenfischer von Sylt, Paul Walter, besucht, weil er für mich alle Bio-Kriterien erfüllt, auch wenn er sich aufgrund seiner Größe nicht bio-zertifizieren lässt. Außerdem gibt es bei Netzen unter 4 Zentimeter Kordelabstand noch keine Bio-Zertifizierung.

David gegen Goliath

Wenn ich an meinen Besuch bei Paul Walter im vergangenen August zurückdenke, ist mir vor allem eines im Gedächtnis geblieben: David gegen Goliath. Der kleine Fischer Paul Walter mal gegen den Staat, mal gegen Gosch, mal gegen die Fangflotten der Holländer. Er hat sich nie unterkriegen lassen. Paul ist auf der Insel geboren und hat sein ganzes Leben hier verbracht. Bereits sein Vater war Fischer, ein hier gestrandeter Schlesier. Schon als Vierjähriger ist der kleine Paul von seinem Onkel zum Fischen gebracht worden. Der Onkel sagte: „Häng einfach am Hafen ein Netz an die Mole." Und der Kleine tat, wie ihm geheißen, und fischte tatsächlich so seine ersten eigenen Fische.

Paul kann die Geschichten aus der Zeit nach dem Krieg, als die Engländer auf Sylt wie in ganz Norddeutschland die Besatzer waren, erzählen, als seien sie gestern erst passiert. „Es stank wie in einer Eskimosiedlung", wenn die Schürzen der Hochseefischer mit Seehundtran getränkt und gekocht wurden. Immer wieder. Es gab ja noch kein Plastik. Jeden Tag schmuggelte er ein paar Fische, Dorsch und Schollen, aus dem von den Engländern bewachten Hafen.

Damals fing man noch richtig viel, mit einfachen Mitteln, nicht mit starken, schnellen Booten wie heute, die mit 32 bis 38 Knoten den Meeresboden aufwühlen. 40 bis 50 Zentner Scholle in vier bis fünf Stunden holte sein Vater aus dem Meer. Die brauchte man auch dringend für die tägliche Ernährung der Inselbewohner. Um die Planken der Boote zu fixieren, brauchte man Nägel, außerdem Schäkel, Splinte und Relingsteile, die man selber zu Hause in der Küche aus dem Zink alter Dachrinnen fertigte. Das Gas für das Feuer zum Schmelzen und Schmieden hat fürchterlich gestunken. Es gab nicht wie heutzutage schöne Nirosta-Beschläge zu kaufen.

Diese Zeit hat Paul geprägt, sie war hart, aber fischreich, heute ist es umgekehrt. In jedem Satz, den Paul formuliert, schwingt eine Art Anklage mit gegen das, was heute passiert, die fast moralische Forderung: Das tut man nicht! In all den Jahren hat er gelernt, was Gerechtigkeit ist, Gerechtigkeit gegenüber den Menschen und der Natur. Er hat sich gegen das Unrecht aufgelehnt in dem Bewusstsein, etwas tun zu müssen gegen den Größenwahn und die Egozentrik der modernen Zeit.

„Ich musste etwas dagegen tun, alle anderen taten nichts", sagt er enttäuscht, aber auch stolz. Heute, mit über siebzig, begegnet man ihm dafür nicht nur auf Sylt mit großem Respekt.

Der Tümmler-Paul

Paul hatte sich schon sehr früh, Ende der fünfziger Jahre, ein Boot gekauft und ist zum Fischen rausgefahren. Wie sein Boot heute hieß es „Tümmler". Alle nannten ihn den Tümmler-Paul, später dann auch Torten-Paul, weil er so gerne Kuchen aß. 1965 kam Edith aus Düsseldorf zum Arbeiten auf die Insel, sie lernten sich kennen, verliebten sich ineinander, und Edith blieb. Sie heirateten und bekamen zwei Söhne. 1975 nahm Paul das verlockende Angebot an, als Kapitän auf einem Flugsicherungsboot der Bundeswehr zu fungieren. Acht Jahre machte er das, zwölf Jahre lang hatte er dann im Küchenbereich der Sylter Kaserne Bürodienst. Als Fischer musste man damals mit kleinem Einkommen leben. Um die Familie zu ernähren und ein Haus bauen zu können, fuhr er zunächst auf einem Boot ohne Netze. Vor und nach Dienstschluss saß

Der „Tümmler", Pauls kleiner Krabbenkutter, der im Hafen von List liegt, hat Paul viele Jahrzehnte durch das Wattenmeer begleitet – langsam und vorsichtig!

er dann auf seinem eigenen Boot. Ich glaube, dass ihn seine Familie in all diesen Jahren nicht häufig zu sehen bekam.

Schlechte Erfahrungen

Die acht Jahre Dienst auf dem Patrouillenboot waren gute Jahre, insbesondere, nachdem er den Kapitänsleutnant in Kiel davon überzeugen konnte, dass er während der Fahrten „schleppen", also fischen darf. Die zwölf Jahre im Innendienst sind Paul allerdings nicht gut bekommen. Noch heute schlägt er sich mit einer Nervenkrankheit herum, sie nennt sich MCS, Multiple Chemical Sensitivity, auf Deutsch Vielfache Chemikalienunverträglichkeit, die durch Pestizide, Lösungsmittel und andere Schadstoffe hervorgerufen werden kann. Diese waren in den Desinfektionsmitteln enthalten, die damals bei der Bundeswehr zur wöchentlichen Desinfektion der Küchenräume eingesetzt wurden, schlicht DDT und Paral. Niemand war über die verheerenden Folgen dieser Mittel informiert, die ohne Schutzanzüge, ohne anschließendes Auslüften der Räume und ohne Wartezeiten angewendet wurden. Oft wurde direkt vor der Essensausgabe desinfiziert. Die Leute bekamen vor allem Hautausschläge und Herzprobleme, bis hin zu Schlaganfällen und Infarkten. Paul litt häufig an Atemnot, von den regelmäßigen Entgiftungsschüben war er immer total nassgeschwitzt. Mit Nierenbluten ging es los. Und keiner wehrte sich, Paul jedoch legte sich mit „dem Bund" an, nachdem nach jahrelangen Arztkonsultationen und 20 Krankenhausaufenthalten endlich klar war, was er wirklich hatte. Er führte Prozesse, die er nie gewann. Bis heute hat er wandernde Schmerzen in allen Bereichen des Körpers, er hat Probleme mit dem Atmen, parfümierte Menschen muss er meiden. Damals waren wohl alle Anwälte korrupt, denn sie empfahlen ihm, die Klagen fallenzulassen. Vermutlich hatte „der Bund" Angst vor einer Flut von Folgeklagen aus ganz Deutschland. David gegen Goliath.

Vor zwei Jahren haben sie Walter, den ehemaligen Küchenchef bei der Bundeswehr, eingegraben. „Kaum kam ich in die Küche, wollte ich sterben", sagte der immer. Die Öffentlichkeit bekam in all den Jahren nichts von der Sache mit, weil man die wenigen, die sich aufzulehnen versuchten, ins Leere laufen ließ. Erst Jahrzehnte später hat ein Redakteur des NDR diese Geschichte aufgearbeitet, auch Paul kam in dem Dokumentarfilm vor. Solche Geschichten kennt man zuhauf aus der Welt der Industrie, die die Tatsachen mit Gefälligkeitsgutachten und Verharmlosungen zu unterdrücken sucht. Man denke nur an Minamata in Japan, Bhopal in Indien und nicht zuletzt Fukushima.

Ich erzähle diese Geschichte so ausführlich, weil sie indirekt auch etwas mit Paul Walters Überzeugungen zu tun hat, wenn es um die Fischerei geht. Werden nicht auch hier Tatsachen verharmlost? Wird nicht auch hier versucht, unangenehme Erkenntnisse unter den Teppich zu kehren und immer wieder, auch von sogenannter wissenschaftlicher Seite, das Problem kleinzureden?

Bäume können nicht in den Himmel wachsen

Dagegen waren die Rangeleien mit Gosch, dem Lokalmatador aus List auf Sylt, Spaziergänge. Mit Jürgen „Jönne" Gosch hat er seit ein paar Jahren Frieden geschlossen. Es war in den Anfangsjahren, in denen er sich häufig mit Jönne angelegt hat. Paul deckte auf, dass Gosch mit chlorhaltigen Reinigungsmitteln verunreinigtes Abwasser ins Meer laufen ließ, einfach in den Gully, und das zehn Jahre lang. Am Ende ge-

Paul Walter ist auf Sylt groß geworden. Er kann Hunderte von Geschichten über die Zeit erzählen, als hier alles noch halbwegs in Ordnung war.

stand der Richter in einem persönlichen Brief an Paul ein, dass selbst der größte Steuerzahler Sylts nicht berechtigt sei, gegen die Gesetze zu verstoßen. Paul berichtet von vielen kleinen Vorfällen mit Gosch, die er als ungerecht empfand, gegenüber ihm selbst und auch gegenüber Dritten. Paul ließ sich nie einschüchtern vom „großen" Gosch. Auch wollte er nie so groß werden wie dieser. Manche verstehen nicht, dass Bäume nicht in den Himmel wachsen können, sagt er. Die Geschichte von Paul interessiert die Medien sehr. Ständig gibt er Interviews, das Fernsehen kommt. Das gefällt der Firma Gosch nicht so gut.

„Ich bin damals schon ein Querulant gewesen"

Paul schwelgt in seinen Erlebnissen in der Jugend. Mit fünfzehn auf der Fischereischule in Büsum hat er schon für Gerechtigkeit gekämpft. Öfters sollte er, wenn es zum Beispiel in einer Schlägerei geendet hatte, von der Schule fliegen. Morgens und abends rannte er immer hinunter zum Hafen, um zu schauen, welche Kutter kamen und was sie gefangen hatten. Er half dann beim Löschen der Ladung. Einmal kam er zu spät zur Klassenarbeit, sie handelte von Muscheln, und er hat eine Eins bekommen, obwohl er weniger Zeit hatte als die anderen. Seine Arbeit wurde dann sogar abgedruckt, der Lehrer voll des Lobes. Natürlich erzählt Paul das mit Stolz.

Das Drama mit den Muscheln

Die Wildbänke mit Muscheln sind zum größten Teil tot, sagt Paul, weil die Muscheln zu 100 Prozent abgefischt wurden. Früher hätte man 60 Prozent gefischt, 40 Prozent blieben zum Erhalt der Muschelbänke. Die Muscheln konnten mindestens zweimal ablaichen. Angeblich fressen die Krabben die Saat der Muscheln, und auch die Austern hätten die Muscheln kaputtgemacht – dabei wächst die Muschel schneller als die Auster, also stimmt die Theorie, die ja nur von der Überfischung ablenken soll, nicht. Nach elf Monaten, also vor dem ersten Laichen, werden die Muscheln schon abgefischt: „Wo sollen die Kinder herkommen, wenn es keine Eltern mehr gibt?" Im Moment werden die Muscheln nur umgelagert. Wenn sie zehn Millimeter groß sind, fischen sie sie weg und bringen sie auf andere Flächen, die sie gepachtet haben. „Früher konntest du im Watt zwei Kilometer nur auf Muscheln laufen, heute brauchst du einen halben Tag, um ein kleines Netz voll Muscheln zu sammeln", sagt Paul. Die Muscheln, die heute verkauft werden, kommen aus dem Limfjord in Dänemark. Gosch verkauft Muscheln aus Indonesien! Mit den Muscheln sind auch Steinbutt, Scholle und Seezunge fast verschwunden, denn die laichen zwischen den Muscheln.

Das Drama mit den Krabben

99 Prozent der Krabben, die heute gefischt werden, werden von den Großeinkäufern unter Einsatz von Benzoesäure zur Konservierung nach Marokko transportiert, wo sie von marokkanischen Frauen und Kindern geschält werden, um dann schön verpackt wieder nach Deutschland geliefert zu werden. „Frische Nordseekrabben" haben also eine lange Reise hinter sich und sind mit allerlei Chemie behandelt, bevor sie sauber und in schmucken Verpackungen mit Nordseeambiente drauf in den Regalen der Supermärkte oder in den feinen Schalen bei den Fischhändlern liegen. Mit 200 Gramm Krabbenfleisch kannst du eine Ratte töten, das hätte man vor ein paar Wochen in einem Dokumentarfilm gezeigt, sagt Paul. „Was tut man dagegen?", frage ich Paul. „Selber pulen", sagt er und lacht, er habe immer Krabbenbrötchen mit selbst gepulten Krabben an seinem kleinen Hafenstand in List verkauft, die waren etwas teurer als die bei Gosch, aber sehr begehrt, weil sie einfach besser schmeckten.

Paul fischt nur noch im Wattenmeer, der Weg auf die offene See ist ihm zu weit. Dann erzählt er noch eine Episode: Ina Müller wollte kurzfristig für ihre Sendung „Lust auf Deutschland" zu ihm kommen und über das Krabbenfischen drehen. Trotz Windstärke 8 – sie hatte nur einen Tag Zeit – ließ sich Paul breitschlagen, mit ihr und dem Kamera-team hinauszufahren. „Ich liebe Sylt", rief sie lachend in die Kamera, als sie mit Paul auf Deck saß, und im selben Moment überspülte sie eine Riesenwelle! Und dann: „Paul, du bist der erste Mann, der mir den Kopf gewaschen hat!"

Hygienemängel in Großbetrieben

Man kommt gegen Missstände in der Industrie oft kaum an. Die Fischindustrie schützt sich gegen alle Anwürfe mit Heerscharen von Rechtsanwälten. Rückverfolgbarkeit sicherzustellen, ein eigent-lich gutes Anliegen der Politik, funktioniert deshalb nicht wirklich. Eine Beamtin der Lebensmittelüberwachung sagte einmal enerviert zu Paul, dass bei Prozessen immer ein Beamter vor drei Anwälten der Industrie säße, „wir haben keine Chance, da können wir nur zurückzie-hen". Umgekehrt käme in kleinen Betrieben nie etwas vor. Und die kleinen Fischer kriegen es immer ab: Sie werden jedes Mal dafür ver-antwortlich gemacht, wenn man Schweinswale mit großen Schnitt-wunden oder tote Eiderenten findet. Es sind die Sportboote, die mit hoher Geschwindigkeit über das Wasser jagen. Die merken das gar nicht, sagt Paul. Die kleinen Fischer, die mit 6 Knoten dahintuckern, sind das nicht.

Zuchtfisch – das nächste Drama

Paul erzählt, dass der Heilbutt hier um Sylt nicht vorkommt, trotz Zuchtversuchen. Man sollte das generell verbieten, meint Paul, weil die Tiere mit billigem „Schrott" gefüttert würden. Auch Lachsfar-men brauche man nicht. „Man soll die Natur so lassen, wie sie ist", sagt er. Heute fahren sogenannte Gammelkutter zum Fischen, Riesen-schiffe, die mit großen Netzen alles herausfischen und diese Fänge ein-fach in große Tanks werfen, ohne sie zu kühlen. Sie fangen bis zu 6000 Zentner am Tag, und alles, was sie fangen, wird noch an Bord oder spä-ter zu Fischfutter für die großen Fischzuchten verarbeitet. Erst wer-den die Fische unter hohem Energieaufwand gedarrt, dann wird das Fett ausgepresst, und aus dem eiweißhaltigen Rest wird Fischfutter gemacht, Pellets zumeist, wieder unter großem Trocknungsaufwand. Schwimmende Fabriken sind das, und sie stinken „meilenweit gegen den Wind". Die Gammelkutter schnappen auch noch die letzten He-ringe, Sandspierlinge und Makrelen weg.

„Moderne" und natürliche Fischerei

Auch 30 bis 40 Meter hohe Stellnetze brauche man nicht, die seien schlichtweg unethisch, sagt Paul. Der Fischer bekommt 1,50 bis 2 Euro pro Kilogramm Fisch, der dann im Laden für 15 bis 20 Euro verkauft wird. Die schlechte Bezahlung der Fischer führt dazu, dass sie immer grausamere Fangmethoden einführten, um überhaupt noch über die Runden zu kommen. Lieber den Fischern mehr Geld geben, dann ist zumindest ein Grund weg, warum die Fischer mit den brutalsten Fangmethoden auffahren, erläutert er. Ja, das Thema mit den Ketten geht einem richtig unter die Haut. Heute verwenden zum Beispiel die Holländer 24 Meter breite Schleppnetze mit Ketten mit 2 Zentimeter dicken Gliedern, die sich teilweise 15 Zentimeter in den Meeresboden eingraben. Sein Netz ist nur 6 Meter breit, sagt Paul, und er fährt langsam und ohne Ketten, vielleicht mit 1 Knoten, da geht nicht viel kaputt. „Aber fängst du dann auch genug?", ist natürlich meine spontane Frage, „sausen da nicht alle Fisch davon und springen da nicht alle Krabben vorher weg?" „Man muss den richtigen Zeitpunkt zum Fischen wählen", sagt Paul. „Eine Stunde vor Niedrigwasser, wenn das Wattenmeer diese Wallungen hat, sich auf eine ganz bestimmte Weise kräuselt, kabbelige See eben, dann wird das Wasser durch den aufgewühlten Schlick trüb und die Krabben sehen das herankommende Netz nicht mehr. Da fängst du drei bis vier Kisten Krabben pro Stunde. Sie sind intelligent, sie würden bei klarer Sicht vorher über das Netz hüpfen. Wenn du schneller schleppst, kommt eh kein Fisch ins Netz, weil sich eine Wasserwulst vor dem Netz bildet."

Wie es weitergeht

Paul hat sich schon ein wenig aus der Fischerei zurückgezogen, aber seinen Kampfgeist wird er wohl nie verlieren. „Du wirst von dem schweren Geschirr der anderen getrieben – du fängst fast nichts mehr", sagt er. Ein junger Nachfolger von Paul ist zwar in Sicht, aber das Leben als Fischer ist schwer geworden. Man muss sich eine Nische suchen, klein bleiben, die Kunden über die Unterschiede aufklären, sie vor allem schmecken lassen. Die frisch gepulten Krabben aufs Brötchen, das ist eine völlig andere Welt. So hat es Paul immer gemacht: Am Hafen von List hatte er einen kleinen Stand, Edith und die Kinder pulten dort „im Akkord", Pauls Krabbenbrötchen waren beliebt und wurden zum Symbol für den unbeugsamen letzten Krabbenfischer von Sylt.

Möge das Beispiel von Paul in die Welt hinausgetragen werden, damit die Politiker und Fischhandels-Manager – und möglichst viele Fischer – sich die Worte Pauls hinter die Ohren schreiben und seinem Beispiel folgen!

Bio-Fisch

Wenn wir von Bio-Fisch reden, meinen wir meistens den Fisch aus Bio-Aquakulturen. In konventionellen Aquakulturen können wir auch von Massentierhaltung sprechen, und das wird in Bio-Fisch-Richtlinien entsprechend berücksichtigt: Die Besatzdichte wird komplett anders geregelt, auch die Frischwasser-Austauschrate ist eine wichtige Größe. In geschlossenen konventionellen Systemen sind die Fische wesentlich krankheitsanfälliger, Erreger können sich blitzschnell ausbreiten und den ganzen Bestand vernichten. Die oft hohe Besatzdichte führt auch immer zu mehr Stress, was die Krankheitsanfälligkeit schürt. Diesen Druck versucht man in Bio-Aquakulturen zu vermeiden. Im konventionellen Betrieb wird das Futter deshalb häufig prophylaktisch mit Antibiotika angereichert. Es wird mit Wachstumshormonen, Mastbeschleunigern, synthetischen Vitaminen, Farbstoffen und Mitteln gegen Parasiten gearbeitet. Vor allem in Asien gibt es riesige Farmen, die mit allen diesen Dingen hantieren. Bio-Fischzucht: Bei pflanzenfressenden Fischen wie dem Karpfen gibt es kein Problem mit der biologischen Fütterung. Bei den fleischfressenden Raubfischen ist die Fütterung schwieriger, denn es muss eiweißreiches Futter aus einwandfreien Quellen verfüttert werden, zumeist Fischöl und Fischmehl.

Sebastiaan Huisman und Manfred Klett
Juchowo Farm, Westpommern, Polen
www.juchowo.org

Vorbildlicher Riese

Es klingt wie ein modernes Bio-Märchen: Ein brachliegendes Dorf in Polen, weitab von der nächsten Großstadt, mausert sich binnen eines Jahrzehnts zum riesigen, biodynamischen Vorzeigebetrieb mit beeindruckender Innovationskraft. Auf 2500 Hektar bewirtschafteten Landes werden 850 Rinder gehalten. 110 Menschen arbeiten auf der Juchowo Farm.

Ich muss gestehen, dass ich erst zum zweiten Mal in Polen bin. Vor etlichen Jahren war ich mit meinen Bruder Karl in Südpolen, in Zakopane. Nun fahre ich in den Norden, nach Westpommern. Etwa zweieinhalb Autostunden von Berlin Richtung Nordwesten, etwa 60 Kilometer von der Ostsee entfernt, liegt die Juchowo Farm. Der nächste größere Ort heißt Szczecinek, auf Deutsch Neustettin. Hier hat im Jahre 2001 die anthroposophisch ausgerichtete Software-AG-Stiftung, die ihren Sitz in Darmstadt hat, etwa 1200 Hektar Ackerland „freigekauft", um beispielhaft eine biologisch-dynamische Landwirtschaft zu etablieren und das Dorf Juchowo zu neuem Leben zu erwecken.

„In der biologisch-dynamischen Landwirtschaft spielt der Mensch die zentrale Rolle." Der holländische Agraringenieur Sebastiaan Huisman, der seit 2004 für Juchowo verantwortlich ist, formuliert das auch gern so: „Es geht um nichts Geringeres als die Belebung und Gesundung der Erde und die Erneuerung des sozialen Organismus im Sinne der anthroposophischen Lehre der sozialen Dreigliederung." Er selbst würde sich nicht als Anthroposophen bezeichnen, aber er hat einige Zusammenhänge, die Rudolf Steiner in seinen Vorträgen aufgezeigt hat, als sehr hilfreich empfunden.

Sebastiaan erklärt: „Die Stadt braucht das Land. Aus dem Land heraus entsteht eine Agrarkultur, und dazu gehören neben der Landwirtschaft und der Weiterverarbeitung auch Kunst, Bildung und Handwerk." Man muss sich wohl immer wieder das Bild von früher vor Augen führen, wie es hier vor 15 Jahren gewesen sein muss: Es gab nur Birken. Die Böden waren ausgelaugt, weil sie den staatlichen Kolchosen gehörten und auf kurzfristigen Ertrag getrimmt wurden. Die Leute hatten keine Arbeit. Die Dörfer waren fast ausgestorben. „Die Böden hatten einen Humusgehalt von etwa 1 Prozent", sagt Sebastiaan, und die Agronomen sagen, dass ein Boden mit weniger als 1 Prozent Humusanteil eigentlich als tot bezeichnet werden muss. „Wir machen wieder Landwirtschaft im holistischen Sinne." Es entsteht eine neue Kultur auf dem Lande, mit sinnvollen neuen Arbeitsplätzen.

Alles, was Menschen an Kultur und Bildung auf dem Lande brauchen, kann sich entwickeln, wenn dort wieder mehr Menschen leben. „Eine Schule können wir erst eröffnen, wenn genügend Kinder auf Juchowo leben", sagt Sebastiaan. Momentan wird diese „Kultur" sehr stark in die Stadt verlagert, die Rohwaren, die in Juchowo produziert werden, etwa die Milch, werden noch in die Stadt transportiert. In Zukunft soll aber mehr und mehr auch die Weiterverarbeitung der in Juchowo erzeugten Rohwaren vor Ort stattfinden, wie die von Getreide, den Tieren und ihrer Milch. „Wenn mehr Menschen hier auf dem Land bleiben können und nicht in die Städte abwandern müssen, oder hierherkommen, weil es gute Arbeit gibt, werden auch Kultur und Bildung entstehen müssen, denn das brauchen die Menschen. Man muss halt alles mitdenken", so Sebastiaan. Eines Tages wird es hier eine Schule geben, an der nicht nur formales Wissen vermittelt, sondern ganzheitliches Denken gelehrt werden wird, flankiert und unterstützt durch musische Erziehung, also eine ganz andere Art von Bildung als die von heute.

In Juchowo lebt eine vielfältige Gemeinschaft: etwa 50 Familien, Holländer, Polen und Deutsche, insgesamt etwa 110 Mitarbeiterinnen und Mitarbeiter, davon 30 mit Behinderung. Rechtlicher Träger ist die Stanislaw-Karlowski-Stiftung, das heißt, ihr gehören Land, Gebäude, Tiere und alles Sachinventar. Die Betriebs-GmbH, die Spólka Rolnicza Juchowo Sp. z.o.o., pachtet von der Stiftung etwa 90 Prozent des Landes und der Gebäude. Nur das Kulturhaus und die Wohngebäude bewirtschaftet die Stiftung selbst.

Ein riesiger Betrieb mit Blick auf die Feinheiten

In den zwölf Jahren hat sich Juchowo noch einmal deutlich vergrößert, heute sind es mehr oder weniger 2500 bewirtschaftete Hektar, um die sich Sebastiaan und seine Leute kümmern. Darin enthalten sind etwa 260 Hektar Moor, 100 Hektar Buschland, 90 Hektar Wald, 1,5 Hektar Garten und 1000 Hektar Kleegras, eine Leguminose, die durch ihre Stickstoffknöllchen an den Wurzeln den Boden verbessert. Und etwa 1000 Hektar Getreide und Feldfrüchte, zum Beispiel Rüben, die in diesem Jahr zum ersten Mal als Futter für die Milchkühe angebaut wurden.

Wir sind in der Zentrale, Sebastiaans Sekretärin heißt Renata, sie spricht fließend Deutsch und ist seit sechs Jahren hier. „Ohne Renata hätte ich das alles nicht geschafft", sagt Sebastiaan. Aber auch ohne die anderen Mitarbeiterinnen und Mitarbeiter hätte er es nicht geschafft, in nur neun Jahren die Ställe, die Melkanlagen und Milchlager, die Heutrocknungsanlagen in den riesigen Hallen zu errichten, die Umstellung der Grünlandflächen und des Getreide- und Feldfruchtbaus auf Bio zu bewerkstelligen, Retentionsbecken zu bauen, um das Wasser zu halten und um Biotope zu schaffen, die Präparate-Arbeit zu perfektionieren, die Wohn- und Gästehäuser zu errichten, die neue Kantine, die neuen Büros, die Werkstätten für die behinderten Menschen und deren perfekte Betreuung zu organisieren, die Kinder und die Ausflugsgruppen zu betreuen, einen eigenen Bautrupp auf die Beine zu stellen, um nur ein paar Dinge zu nennen.

Aber auch der laufende Betrieb braucht gute Mitarbeiterinnen und Mitarbeiter: im Marketing und in der Buchhaltung, Kaufleute, Land-

Sebastiaan Huisman (rechts) ist Holländer und hat Juchowo in den vergangenen neun Jahren zu einem der modernsten und tiergerechten Höfe ganz Europas gemacht. Hier begeht er mit Günther Postler den Laufstall.

wirte, Tierexpertinnen wie Monika Lieberaka. Monika ist Agraringe-
nieurin und landwirtschaftliche Meisterin, sie ist verantwortlich für
die Milchkühe, das reicht von der Milch bis hin zur Nachzucht. Die zier-
liche hübsche junge Frau, die eigentlich immer lacht, macht das mit
ihren 18 Mitarbeiterinnen und Mitarbeitern sehr professionell.

Heumilch-Kühe

Auf Juchowo leben rund 850 Rinder: 360 Milchkühe und etwa
500 Jungrinder, Ochsen, Bullen oder Färsen zur Nachzucht oder zur
Mast. Dazu kommen 16 Bullen. Alle Tiere werden mit Heu oder Klee gefüttert, also nicht mit Silage, wie das bei den Milchbauern in ganz
Europa üblicherweise gemacht wird. Das vorgesäuerte Futter, sagen
Fachleute, die die Gesundheit der Kuh im Blick haben, würde den vierteiligen Magen der Wiederkäuer teilweise überflüssig machen, was
nicht gut für sie sei, weil es ihr Verdauungssystem, das mit frischem
Gras und Stroh optimal funktioniere, auf den Kopf stelle. Aus demsel-
ben Grund ist auf Juchowo auch der Kraftfuttereinsatz sehr gering.

Die Milchkühe leben in schönen offenen Laufställen, wenn sie nicht
auf der Weide sind. 360 Tiere, in drei separaten Ställen à 120 Tiere. „Das
ist unsere Obergrenze an Stallkapazität, da haben sowohl die Menschen als auch die Tiere noch einen Überblick", sagt Monika. 240 Stück
schwarzbunte Holstein-Friesian und 120 Stück Schweizer Braunvieh,
und alle sind „auf Lebensleistung" gezüchtet. Die Tiere sollen die Leistung geben, die mit einem dem Wiederkäuer gemäßen Futter (Raufut-
ter), genügend frischer Luft und Bewegung erreicht werden kann. Auf
Leistung gezüchtete Rinder sind meistens anfälliger für Krankheiten,
zum Beispiel Kälberkrankheiten und Fruchtbarkeitsstörungen. Hoch-
leistungskühe geben bis zu 10 Tonnen Milch im Jahr. Aber eben nicht
sehr viele Jahre. 1960 lag der Schnitt noch bei 4 Tonnen! In Juchowo
liegt die Milchleistung bei 6 bis 7 Tonnen – mit Heu und Rübenschnitz,
ohne Kraftfutter.

Hier auf Juchowo wird nach den Erkenntnissen von Professor Fre-
derik Bakels eine Lebensleistungs-Zuchtstrategie verfolgt. Mit dem
Ergebnis, dass die Milchrinder im Schnitt nicht wie üblich 2,6 bis 2,7
Laktationen „überleben", sondern 5 bis 6 oder mehr! Dr. Günther Postler, der die „Arbeitsgemeinschaft für Rinderzucht auf Lebensleistung"
vom Gut Herrmannsdorf aus leitet, hat mit Sebastiaan im vergangenen
Jahr einen internationalen Zuchtverband auf Lebensleistung gegrün-

det, um dem Thema noch mehr Gewicht zu geben. Bislang haben sich diesem Verband über hundert Betriebe angeschlossen.

Bodenverbesserung

„Wir geben im Jahr etwa 250.000 Euro allein für die Verbesserung des Bodens aus", sagt Sebastiaan. Auf Juchowo fallen 3500 Tonnen Festmist pro Jahr an, und dieser wird zusammen mit Hackschnitzeln aus dem eigenen Wald und Heuabfällen auf mehreren 100 Meter langen und 1,80 Meter hohen Kompostmieten kompostiert. „Die Kompostmieten werden beim Umsetzen mit dem Rotationskolben-Umsetzaufsatz am Traktor mit unserem Kompost-Tee mit Umsetzungskulturen, wie wir sie nennen, geimpft", erklärt Sebastiaan. Es wird mit zwei verschiedenen biodynamischen Präparaten bzw. Umsetzungskulturen gearbeitet, dem einen am Anfang, wenn noch keine 70 Grad erreicht sind, und dem anderen für das erneute Umsetzen der Miete, wenn sie 70 Grad erreicht hat. „Wenn der Kompost innen 70 Grad Celsius hat, nehmen wir einen Teil für die Weiterzucht der zweiten Umsetzungskultur weg. Es ist wie bei Sauerteig." Nach acht bis zehn Wochen ist der Kompost fertig. Dann wird er auf den Äckern ausgebracht, der große Nährstoffkreislauf ist geschlossen, die Nährstoffe bleiben auf dem Hof, wie es der ökologische Landbau vorschreibt.

Das Bodenleben hat sich in den letzten neun Jahren stark verbessert, meint Sebastiaan. Die Werte im Kompost sind gut, und es geht wenig CO_2 verloren. Bei Mist, der nicht entsprechend behandelt wird, geht wesentlich mehr CO_2 verloren, weil es nicht genügend gebunden werden kann. „CO_2 willst du im Boden haben, nicht in der Atmosphäre", so Sebastiaan.

Juchowo hat gemeinsam mit dem Schweizer Forschungsinstitut für biologischen Landbau FiBL ein mehrjähriges Projekt zur Bodenfruchtbarkeit gemacht. Man hat erforscht, wie sich das Bodenleben entwickelt, wenn man den durch schwere Maschinen erzeugten Druck auf die Böden bei der Bearbeitung der Flächen minimiert. Der positive Effekt ist, dass weniger Diesel verbraucht wird und höhere Erträge durch bedarfsgerechtes Grubbern, Tiefen- und Höhenlockern erreicht werden können.

Hier geht es nicht um Unkrautbekämpfung, das ist eine andere Welt. Unkraut wächst nach Meinung von Sebastiaan nur dort, wo der Boden durch zu viel Druck und Verdichtung und zu viel Gülle kaputt ist. Zum Beispiel die Distel: „Sie ist dort, weil sie den Boden lockern will, wenn dies erreicht ist, geht sie wieder weg. Die Bauern haben keine Geduld", sagt er. Mit dem gemeinen Ampfer, mit dem wir Bio-Bauern in Süddeutschland zu kämpfen haben, haben sie kein Problem. „Wir haben wenig Druck in den Reifen, kaum Verdichtung", betont Sebastiaan. Der „plattere" Reifen verteilt den Druck auf mehr Fläche, sodass er viel weniger Verdichtungsschäden anrichtet.

Sebastiaan mag das Thema Boden. Ich glaube, für ihn ist es das Hauptthema in Juchowo: einen Landstrich zu rekultivieren. Das ist eine Herausforderung, die er angenommen hat: „Immer mehr Pestizide und synthetischer Dünger, um den Ertrag einigermaßen halten zu können, ist der falsche Weg."

Präparate-Arbeit

Was die Präparate betrifft, haben wir eine ähnliche Herangehensweise wie auf den beiden Demeter-Weinbaubetrieben in Österreich. Die beiden Grundpräparate sind das Horn-Mist- und das Horn-Kiesel-Präparat. Mist respektive Quarzsand wird in ein Horn eingefüllt und mindestens über den Winter in die Erde vergraben, um eine bestimmte Information vom Boden zu bekommen. In Juchowo wird außerdem ein Fladenpräparat erzeugt: Kuhfladen werden gesammelt, mit Kompostpräparat besprüht und dann im eigens gebauten Präparatekeller in einer Kiste aus Birkenholz gelagert. Diese später vermahlenen Fladen werden zum optimalen Dünger, der jede Woche in die Liegeboxen der Kühe eingestreut wird. „Damit bekommt der Mist schon seine erste Präparierung." Vor der Aussaat im Herbst und im Frühjahr wird das Fladenpräparat dem Horn-Mist-Präparat zugegeben und mit verrührt, um danach auf die Felder gesprüht zu werden. Betty Bohlsmann ist für die Präparate-Vorbereitung verantwortlich. Das Rühren und Ausbringen macht Herr Struski. „Es ist wichtig, wer das macht", sagt Sebastiaan.

Kinder auf der Juchowo Farm

Zum Konzept von Juchowo gehört auch die Betreuung von Kindern, mindestens zwei bis drei Schulklassen kommen jede Woche. Einmal im Jahr wird ein Kinderzirkus mit viel Musik eintrainiert und aufgeführt. Die Jahresfeste werden hier intensiv gefeiert, damit die Kinder und auch die Erwachsenen in die Lebenskreisläufe der Natur Einblick bekommen – vom Werden und Vergehen.

Manfred Klett ist der Schirmherr von Juchowo. Er hat am Anfang den Dorfgedanken für Juchowo formuliert und niedergeschrieben. Sebastiaan und er sind seit Jahren gut befreundet – etwa 40 Lebensjahre trennen sie. Manfred muss so etwas wie der väterliche Freund sein, bei dem Sebastiaan Kraft tanken kann, wenn wieder eine harte, anstrengende Woche um ist. Für Sebastiaan ist er der „Wächter über die Prinzipien". Manfred hatte Sebastiaan, damals gerade einmal dreißig, nach Juchowo geholt, als es viele Probleme gab. Sebastiaan traute er deren Lösung zu.

Manfred Klett hat unter anderem 1968 den Dottenfelderhof mitgegründet und dort lange selber gelebt und gearbeitet. Fast alles, was heute dort steht, hat er gebaut. Später ist er in die Forschung für biodynamischen Anbau in die Schweiz gegangen. Der Dottenfelderhof ist in vielerlei Hinsicht Vorbild für Juchowo. Er ist ein Vorzeigeprojekt für Diversität, Verarbeitung, Direktvermarktung, Ausbildung und Forschung. Der als Hofgemeinschaft organisierte und als Kommanditgesellschaft geformte Hof zeigt, wie durch die Integrierung der gesamten Wertschöpfung hundert Menschen von einem Hof mit 150 Hektar leben können. In einem konventionellen Monokulturbetrieb vergleichbarer Größe kann das nur eine Familie! Auf dem Dottenfelderhof wird nicht nur angebaut, sondern in Hofkäserei, Holzofenbäckerei und Konditorei weiterverarbeitet. Es gibt einen Hofmarkt und Verkaufsmobile.

Ich frage Sebastiaan, warum er so begeistert ist, aber auch, warum er das alles auf sich nimmt, so weit ab von den großen Städten zu leben und zu arbeiten. „Die Motivation sind die Menschen hier." Den Impuls von Manfred, etwas von der Schuld der Deutschen in Polen abzubauen, etwas zurückzugeben, kann er als Holländer nicht ganz teilen. Er sei hier, weil hier etwas zu bewegen sei. Und Pommern sei so schön, die Grundmoränen, das Hügelland, die Herausforderung, unterschiedliche Böden zu haben, Lehm und Sand im Untergrund, immer abwechselnd. Es ist wirklich eine große Herausforderung, dieses durch Stalin geschundene Land, was immer noch nachwirkt, wiederzubeleben. „Stalin hat die Bauern und Intellektuellen abtransportieren lassen", sagt er, „sehr viel alte Tradition ist dabei beinahe unwiederbringlich verloren gegangen, vor allem das Wissen." Ja, das stimmt, denke ich mir, Despoten hassen die Intelligenzija, und das freie Bauerntum ist in Polen wie in Russland und anderen UdSSR-Staaten durch die Zusammenlegungen zu Kolchosen und LPGs im Gemeineigentum zerstört worden.

„Umgekehrt ist deshalb hier viel möglich", sagt Sebastiaan stolz. „Mit Menschen zu arbeiten, mit denen man gemeinsam aus der Landwirtschaft heraus ein neues kulturelles Leben entstehen lassen kann. Gemeinsam werden wir weiter an der Verarbeitung und Direktvermarktung arbeiten. Alle Menschen sollen sich begegnen, das ist heute häufig nicht mehr der Fall. Die Monokultur auf den Höfen verstärkt die geistige Monokultur, alle sitzen allein und einsam auf ihren Betrieben, und einmal am Tag kommt der Milchwagen, das ist alles. Land und Stadt müssen sich wieder verbinden. Daran zu arbeiten macht enorm viel Spaß", sagt er und steigt auf sein stattliches Pferd, um gemeinsam mit seiner Tochter die Eichenallee aus Juchowo hinauszutraben.

Die Zucht auf Lebensleistung

Die Zuchtstrategie ist, auf die Lebensleistung zu schauen. Dies geschieht mit der sogenannten Linienrotationszucht. Diese besteht zumeist aus vier verschiedenen Linien, die dann auf eine besondere Art und Weise eingekreuzt werden. Dabei züchtet man mit relativ nahen Verwandten auf das erste Zuchtmerkmal, die Milch, und dann mit zwei weiteren relativ nah verwandten Linie auf das zweite Merkmal, das Fleisch. Das nennt man „Züchtung mit Blutanschluss auf Lebensleistung". Auch „funktionale Merkmale" der Kuh sind herauszuzüchten, zum Beispiel kräftige gerade Beine, gut ausgebildete dunkle Klauen, gutes Skelett, leichter Senkrücken, gute Verdauung und damit Futterverwertung, sowie ein breites Maul: Ein solch gesun-

des Tier produziert gute Milch und hat eine hohe Lebensleistung. Es gibt alte Kühe aus derartigen Zuchtlinien, die eine Lebensleistung von 120 Tonnen Milch erzielen.

Soziale Dreigliederung

Die Dreigliederung des sozialen Organismus – von Rudolf Steiner 1917 bis 1922 entwickelt – beschreibt die Grundstruktur einer idealen Gesellschaft, in der die Koordination der Lebensprozesse nicht mehr zentral durch den Staat oder eine wie auch immer geartete Führungselite bewerkstelligt wird, sondern in der drei sich selbst verwaltende unabhängige Subsysteme bestehen: das Geistesleben, also Bildung, Wissenschaft, Religion und Kultur, inklusive der geistigen Dimensionen der Kooperation unter Menschen; das Rechtsleben, das die gesellschaftlichen Regeln und Vereinbarungen, die Gesetze und Verträge, umfasst; und das Wirtschaftsleben, also die Produktion, der Handel und der Konsum von Waren und Dienstleistungen. Jedem dieser sogenannten Hauptbereiche der Gesellschaft muss laut Steiner ein Ideal der Französischen Revolution untergeordnet werden: die Freiheit dem Geistesleben, die Gleichheit dem Rechtsleben und die Brüderlichkeit dem Wirtschaftsleben. Freiheit und Solidarität sind die Größen, die diese drei Bereiche gleichzeitig sichern und vereinen.

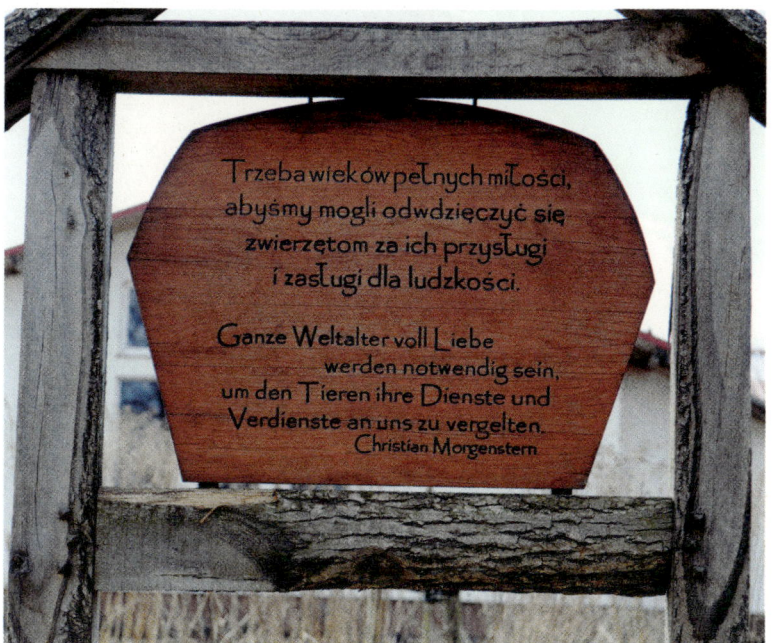

Grenzüberschreitende Bio-Dynamik

Wie man ohne Grenzen im Kopf wachsen kann, diesseits wie jenseits der Grenze, und dabei auch die Familie, die Gemeinschaft, das Denken und die Ästhetik nicht zu kurz kommen, beweist Familie Michlits im burgenländischen Seewinkel.

„Du fällst von einer Arbeit in die nächste", sagt Werner Michlits senior, als ich ihn frage, ob das denn nicht alles zu viel sei: das Weingut, die Landwirtschaft, die große Angusherde, und das alles auch noch in Österreich und in Ungarn, gleich jenseits der Grenze, die nur ein paar Meter entfernt ist. Aber Werner hat die Bereiche klug auf seine drei Jungens aufgeteilt: Werner junior ist Önologe und für das Weingut zuständig, Hannes für die Landwirtschaft, vor allem Ackerbau, und der Jüngste, Lukas, betreut die ca. 800 Deutsch-Angus-Rinder in Ungarn.

Katharina Seiser, die mich seitens des Christian Brandstätter Verlages betreut, sagte eines Tages: „Ich hab das Gefühl, du musst noch zu ‚Meinklang' in Pamhagen fahren."

Hier bei der Familie Michlits kommen eine tiefe Überzeugung für eine sorgsame Landwirtschaft und eine Verbundenheit mit dem Flecken Erde zusammen, auf dem sie seit Generationen lebt. Als bodenständig würde man Werner Michlits senior bezeichnen. Sein Vater hatte in den sechziger Jahren den landwirtschaftlichen Mischbetrieb mitten in dem kleinen Ort Pamhagen auf Weinbau umgestellt, weil die Landwirtschaft kein Auskommen mehr bot. Er baute die Viehställe in einen Weinkeller um und heiratete seine Jugendfreundin Anneliese, die ein paar Häuser weiter wohnte. Die beiden sind ein Arbeits- und Lebensteam, wie man es sich eigentlich nur wünschen kann. Werner senior liebt die Natur, kennt durch die Leidenschaft für die Jagd auf Wildgänse jeden kleinen Winkel in der Gegend.

Ihre drei Buben kamen 1979, 1980 und 1984 zur Welt. Da Pamhagen damals direkt am Eisernen Vorhang lag, eingezwängt zwischen ungarischer Grenze und Neusiedler See, und die Infrastruktur des Seewinkels an Schulen und kulturellen Möglichkeiten nicht gut war, entschieden Anneliese und Werner, sie in die berühmte Theresianische Akademie in Wien zu schicken, ein Schloss, das Maria Theresia zur Einrichtung einer Kadettenschule gestiftet hatte, heute ein Gymnasium mit angeschlossenem Internat. So konnten die Jungen Großstadtluft schnuppern und eine gute Ausbildung genießen, ohne die Liebe zu ihrer burgenländischen Heimat und Pamhagen zu verlieren.

Pannonia, die alte Ostprovinz der Römer

Pamhagen und die Orte im Seewinkel lebten vor 50 Jahren von Sonderkulturen wie Gurken, Paprika und Pfefferoni, die in Gewächshäusern wuchsen. Die Supermärkte haben diese Vielfalt mit ihren Billigangeboten aus ganz Europa und den Normierungen der Sorten mit den Jahren verdrängt. Tiere gab es damals wenige hier. „Die paar Bauern, die Tiere hielten, nannte man die langsamen Bauern", erklärt Werner. Es waren Kuh- und Schweinehirten, und die Tiere gediehen durch den jodhaltigen Boden gut. Dieses alte Pannonia war die Kornkammer der Römer, das Schwemmland des Neusiedler Sees, das bis Pamhagen reichte und mit der Zeit verlandete. Es bot einen guten Boden für den Ackerbau, während in den höheren Lagen steinige, trockene Untergründe ideal für den Weinbau waren. Der Neusiedler See ging einst bis hierher, der Name „Pamhagen" zeugt heute noch davon, er kommt vom Wort „Baumhaken", an dem die Boote festgemacht wurden.

Der Seewinkel war ein Fremdenverkehrsparadies, aber auch das ebbte ab. Die Männer mussten nach Wien zum Arbeiten pendeln und waren unter der Woche nicht zu Hause, da der Weg nach Wien zu weit war, um jeden Tag nach Hause zu fahren. Die Frauen betrieben den Gemüsebau, und Werner junior erzählt, wie seine Großmutter zur Erntezeit nach Schulschluss mit ihrem Pritschenwagen vor der Schule vorfuhr, damit die Kinder aufsteigen und bei der Gurkenernte helfen konnten. Es sind immer alle aufgestiegen, denn es war eine gute Möglichkeit, sein Taschengeld aufzubessern. Damals gab es noch einen anderen Bezug der Menschen zur Landwirtschaft. Die Arbeit war Teil des Lebens und machte Freude. Ende der sechziger Jahre hat sich das Bild der Landwirtschaft hier sehr verändert, manche bauten einen Stall, um schon nach einem Jahr mit der Tierhaltung wieder aufzuhören, weil es plötzlich nicht mehr rentabel war. Der Seewinkel geriet in den Sog der großen Veränderungen des gemeinsamen Europäischen Wirtschaftsraums.

Der Beitritt Ungarns zur EU veränderte alles

Dann wurden 2004 die Grenzen zu Ungarn durch dessen EU-Beitritt geöffnet – und alles wurde wieder anders im Seewinkel. Freie Arbeitsplatzwahl, freier Handelsverkehr, Ausländer können Grund und Boden in Ungarn erwerben. Es gab viel Zuzug aus Ungarn, der bis heute anhält. „Die Zustände in Ungarn sind schrecklich", sagt Anneliese. Nur Audi und BMW sind dort gute Arbeitgeber, ansonsten schwächelt die Wirtschaft, die Preise für Lebensmittel sind im Verhältnis zum Einkommen zu hoch. So arbeiten bei den Michlitsens viele Ungarn, da es sehr schwer ist, gute Arbeitskräfte aus Österreich in den abgelegenen Seewinkel zu locken. Es gibt 330.000 Arbeitslose in Ungarn.

Die Ostöffnung nutzt die Familie Michlits, um einst enteignete landwirtschaftliche Flächen in Ungarn wieder zu erwerben, ihre Einkommensgrundlage als Bauern zu verbessern und hauptberuflich in der Landwirtschaft bestehen zu können. Auch weil alle drei Kinder in dieser Zeit beschließen, in der Landwirtschaft bleiben zu wollen. Der Hof in Pamhagen ist zu klein dafür. Die Familie geht das Wagnis ein,

In der Erntezeit werden alle Kräfte gebündelt: 40 Erntehelfer, zumeist aus dem benachbarten Ungarn, helfen mit – manche schon seit Jahrzehnten.

nach Ungarn zu expandieren. Das war gar nicht der Traum der Eltern, die gerne einen Anwalt oder Arzt in der Familie gehabt hätten. Inzwischen sind es über 1500 Hektar Ackerflächen und Grünland, und Lukas Michlits, der jüngste der drei Brüder, hat die Verantwortung für etwa 800 Deutsch-Angus-Rinder, Mutterkühe mit ihrer Nachzucht samt Bullen. Im Moment lebt diese vitale und ausgeglichene Herde noch in den Ställen der ehemaligen Kolchose in der Nähe von Nyarliget, die zu Offenställen umgebaut wurden.

Lukas baut gerade fünf neue Ställe nach allen Erkenntnissen der Tiergesundheit und modernen artgerechten Haltung, mit großem Auslauf, Strohbett im sogenannten Tretmistverfahren und Ausrichtung in Richtung Süden. Nach der Fertigstellung will er zusätzlich Aubrac-Rinder einstellen. Staunend stehen wir vor Hunderten riesigen, halbrunden, in den Himmel ragenden Leimbindern, die die Tragekonstruktion für die Offenställe darstellen. Es ist eine organische Konstruktion, die von ihrer Dimension her an das Brasilia der fünfziger Jahre erinnert und an die organischen Bauwerke der ungarischen Architekten Makovecz und Csete. Nyarliget liegt ein paar Kilometer jenseits der ungarischen Grenze, der Grenzübergang auf dem Gemeindegebiet von Pamhagen. Natürlich sprechen alle Michlitsens passables Ungarisch!

Schönheit, Vielfalt und Offenheit

Für mich fühlt es sich erfrischend an und es begeistert mich, wie die Familie Michlits mutig voranschreitet und die Landwirtschaft und den Weinbau ganz selbstverständlich als einen Wirtschaftszweig mit Zukunft sieht, viel investiert und es dabei auch noch schön macht. Die Tiefe, mit der sie ihre Arbeit machen und verstehen, drückt sich in vielem aus, im Umgang miteinander in der großen Familie und mit den Mitarbeitern und Nachbarn, aber auch in der Schönheit der Architektur und dem Design der Marke „Meinklang". Das ist nicht selbstverständlich. Ich bin froh, dass Katharina mir diesen Hinweis gegeben hat. Ich werde hier einfach wie ein alter Freund aufgenommen. Es herrscht ein unglaublich offener Ton.

Was diese Familie nicht alles macht! Angela und Werner junior haben in dem kleinen Ort Pamhagen einen Waldorfkindergarten und eine zweisprachige Schule gegründet, ganz klein noch, und erst seit einem Jahr in Betrieb, damit ihre drei Kinder in ihrem Sinne erzogen werden. Viele Ungarn schicken ihre Kinder hierher, und es ist wegen

der Zweisprachigkeit manchmal etwas mühsam. Außerdem hält Angela dort etwa 15 Krainer Steinschafe, die sie melkt, um Rohmilch für ihre Kinder zu haben. Und es geht noch weiter: Sie schlachten alle Tiere selbst. „Das Thema Schlachten ist heutzutage ausgeblendet, deswegen ist es gut, wenn auch die Kinder sehen, wie geschlachtet wird. Wenn man ihnen sagt, dass das Fell für sie sei und sie daraus einen kuscheligen Teppich kriegen, ist der Bann meistens gebrochen", erklärt Angela. „Wir töten die Tiere, wenn die Art der Tötung und der Ort stimmen. Es ist ein berührender Moment, wenn ein Lebewesen zur Nahrung wird. Es zu verabschieden und ihm den Dank auszusprechen dafür, dass wir daraus Nahrung schöpfen, hebt es auf eine ganz andere ethische Dimension", sagt Werner. Das selbst geschlachtete Fleisch hat einen anderen Gesundheitswert als das industrielle.

Werner erklärt die Zusammenhänge zwischen Pflanzen-, Tier- und Menschenwelt. Er erläutert, dass die Lichtkräfte die Mineralien aufspalten und dann in Pflanze und Tier übergehen. Die Tiere sind, wenn sie gesund sind, wichtig für den Menschen, das Sorgetragen formt ihn. „Die Degeneration der Geisteskraft des Menschen wird durch das angstbelastete Tier, das man sich einverleibt, noch verstärkt, wenn dieses unter Angst und Stress in einem großen Schlachthof getötet wurde", philosophiert er und zeigt damit, dass die Landwirtschaft, die das nicht wahrhaben will, zum echten Problem für den Menschen wird. Man muss den harmonischen Prozess erhalten, und dafür muss man ein paar Grundelemente berücksichtigen. „Die Handschlagqualität gehört zum Beispiel auch dazu."

Demeter-Weinbau

Angela und Werner Michlits sind mit ihrem Weinbau und dem Keller eng verwoben. Vor zehn Jahren – da war Werner gerade einmal etwas über 20 Jahre alt – haben die beiden komplett neu gebaut: das Wohnhaus, die Büros, den Degustationsraum, die Anlieferung der Trauben, den Keller, die Abfüllung und das Lager. Alles in einem sehr schönen mit Beton, Holz und Glas gestalteten Bauhaus-Stil. Mitten in Pamhagen. Dort, wo schon die Urgroßeltern ihren Bauernhof hatten. Auf Demeter haben die Michlitsens schon vorher, in den neunziger Jahren, umgestellt, weil ihnen das biodynamische Anbausystem als das klügste und wirkungsvollste erschien – und weil sie in vielen Versuchen erkannten, dass die Zuhilfenahme von Präparaten nach den Vorschlägen von Rudolf Steiner die besten Ernte-, Verarbeitungs- und Geschmacksergebnisse bringt. Mit 70 Hektar Weinbau gehören sie zu den größten Demeter-Höfen in Österreich.

Werner ist ein leidenschaftlicher Kenner der Wirkungszusammenhänge von Boden und Pflanzen und wird häufig als Redner zu den Themen rund um die anthroposophische Präparate-Arbeit im Weinbau eingeladen. Eine Kapazität. Das merkt man, wenn man ihm ein paar Stunden zuhört: Einem Füllhorn von tiefem Wissen begegnet man da. „Die Qualität der Arbeit ist wichtig für das Ergebnis", sagt er. Der klassische Weinbau bestehe heutzutage aus unzähligen Zusatz- und Hilfsstoffen. Das Vertrauen in die Naturarbeit sei geschwunden, beinahe unvorstellbar geworden. Schnell ist das Misstrauen eines konventionell arbeitenden Winzerkollegen angesprochen, so ganz ohne etwas könne man doch keinen guten Wein machen.

Naturgärung und Präparate-Arbeit

Bei Werner geschieht alles ohne den Zusatz von Reinzuchthefen, denn die richtigen Hefen sind schon auf den Reben, beim Bio-Weinbau zumindest. „Es ist eigentlich ganz einfach!" Seit 30 Jahren machen sie das hier so, und heute seien die jungen Winzer ganz stolz, wenn sie Naturgärung machten. Aber das Entscheidende für den Wein passiert im Weingarten und setzt sich dann natürlich im Weinkeller fort.

Werner hat sich anderen österreichischen biodynamischen Bauern, also solchen, die nach den Prinzipien von Rudolf Steiner arbeiten, im Demeter-Bund angeschlossen. Gemeinsam haben sie einen Horngarten im Waldviertel. In dieser Präparate-Gruppe, in der auch Nikolaus

Werner Michlits im Präparatekeller, dem ältesten Teil des
alten Hofes in Pamhagen. Hier
lagern die Horn-Mist-, Horn-
Kiesel- und die Präparate für
den Kompost.

Saahs vom Nikolaihof in Mautern mitarbeitet, tauschen sie Erfahrungen aus, bilden sich über die Arbeit weiter und stellen die Präparate
her. Kuhhörner werden mit Quarzsand für das sogenannte Horn-Kiesel-Präparat für die Pflanzenbehandlung bzw. mit Kuhdung für das
Horn-Mist-Präparat gefüllt und mit der Öffnung nach unten an einem
geschützten, aber freien Platz gemeinsam vergraben. Das geschieht
zur Equinox im Herbst, zur sogenannten Michaeli-Zeit, wenn die Erde
ihre Kräfte wieder einatmet, das Lebendige sich allmählich zurück-
zieht und so die Erdenkräfte bzw. Energien, die sich im Winter in der
Erde befinden, besser auf die Präparate wirken können. Im Frühjahr
werden die Hörner ausgegraben und Werner bringt sie nach Pamhagen
in den alten Gewölbekeller seiner Vorfahren, dem einzigen Raum, der
beim Neubau vor zehn Jahren nicht weichen musste. In diesem schlich-
ten Gewölbe steht ausschließlich eine riesige hölzerne Präparate-
Truhe, eher einem Schrein gleich. Wie das Tabernakel einer Kirche, der
kostbarste Lagerort. Hier ruhen diese beiden wichtigsten Präparate
und auch die diversen Mittel für die Kompostbehandlung.

„Der Inhalt eines Horns reicht für drei bis vier Hektar", erklärt Werner. Und: „Das Horn verstärkt die kosmischen Informationen, die auf
den Inhalt wirken." Genauso wichtig ist das Horn für die Kuh selbst. Der
Zapfen, das Innere des Kuhhorns, ist mit Verdauungsgasen und Blut
durchströmt. Das Horn verstärkt die Information der Verdauung ins
Innere der Kuh, ist also Spiegel der Nahrungsaufnahme und Verdauung. Wenn man der Kuh das Horn entfernt, weil man zu enge Ställe
baut und man so die Verletzungsgefahr verhindern will, kappt man

ihre Verdauungskreisläufe. Daraus lässt sich folgern, dass die Milchqualität durch die Hörner positiv beeinflusst wird.

Die Präparate werden wässrig ausgebracht, sie helfen im Wachstum und der Pflanzenvitalität, bremsen und beschleunigen, wie es gerade gebraucht wird. Bei Bio dürfe das Beseelte nicht abhandenkommen, das sei eine Gefahr, sagt Werner. Die Lebendigkeit der Prozesse und dann auch des Endprodukts kommt abhanden, das hätten auch die großen Betriebe gemerkt. Einfach nur die Chemie wegzulassen reiche nicht: „Die Hinorientierung zum Licht, der Drang hinauf macht die Pflanzen kräftiger. Die alten Getreidesorten wie der Urweizen waren alle über eineinhalb Meter hoch, sie sind weit deutlicher weg vom Irdischen zum Licht hin gewachsen!" Heute werden die Halme eingekürzt gezüchtet, für mehr Ertrag und bessere Handhabe – auch in diesem Fall ist das Leben technisch und praktisch gemacht geworden.

Weinlese

Anneliese Michlits organisiert die 50 bis 60 Erntehelfer aus Ungarn. Die brauchen viel Struktur, jeden Morgen müssen die Gruppen neu zusammengestellt und angeleitet werden. Es geht hier bei jeder Rebe um die Entscheidung, ob die Trauben bereits reif zum Ernten sind. „Die Kerne dürfen nicht mehr grün sein, sondern braun, und sie dürfen nicht mehr bitter schmecken, müssen sich leicht vom Fruchtfleisch lösen", sagt Anneliese. „Das sind unsere fühlbaren Qualitätsparameter, es stehen nicht die analytischen Werte wie Zucker, ph-Wert oder Säure im Vordergrund, das Gefühl muss gut sein. Wenn ich eine Traube abschneide, muss ich damit ein gutes Gefühl haben, mit ihr zufrieden sein." Dieses Jahr hat sie die Ernte auf Wunsch von Schwiegertochter Angela extrem hinausgezögert, sogar einmal unterbrochen, um auf weitere sonnige Tage zu warten. Währenddessen haben sie 100 Tonnen Äpfel geerntet.

Weinreifung

Nun stehen wir im Weinkeller, und zwar dort, wo die futuristisch anmutenden Betoneier stehen. Diese Form, die Urform des Eis, lässt sich aus einem Kreis, dem Pentagon und Pentagramm mithilfe eines Zirkels entwickeln, erklärt Werner an einer großen Zeichnung: „Es ist beeindruckend, dass die geometrischen Relationen sämtlicher Hilfslinien zur ‚Konstruktion' des Eis automatisch immer auf den goldenen Schnitt hinführen."

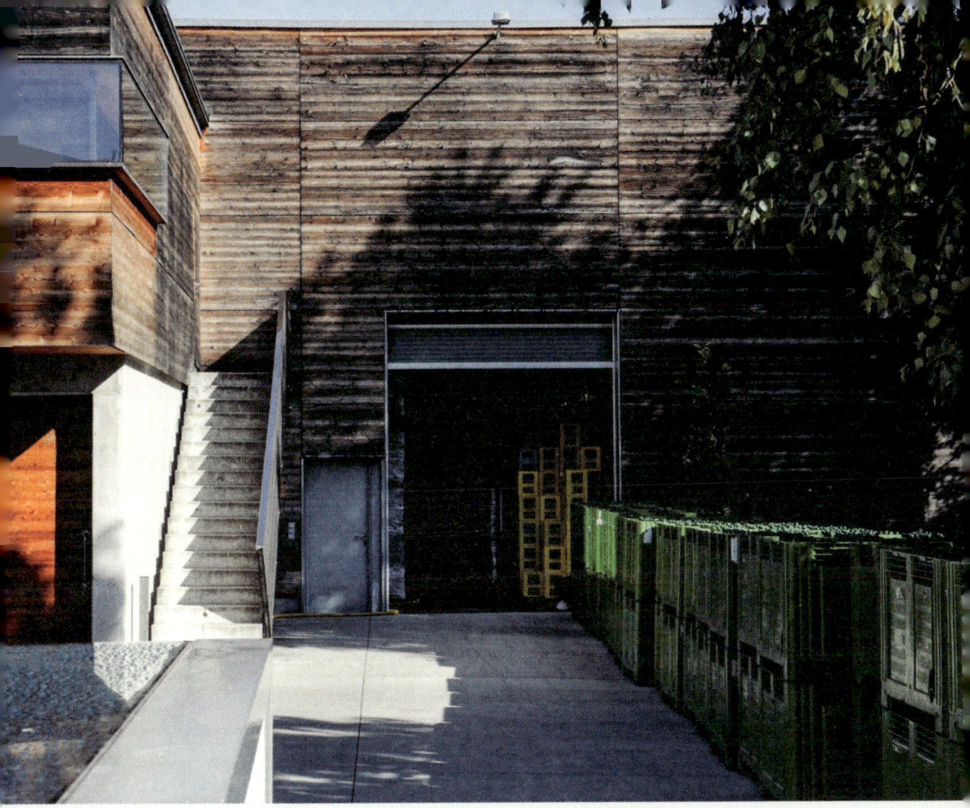

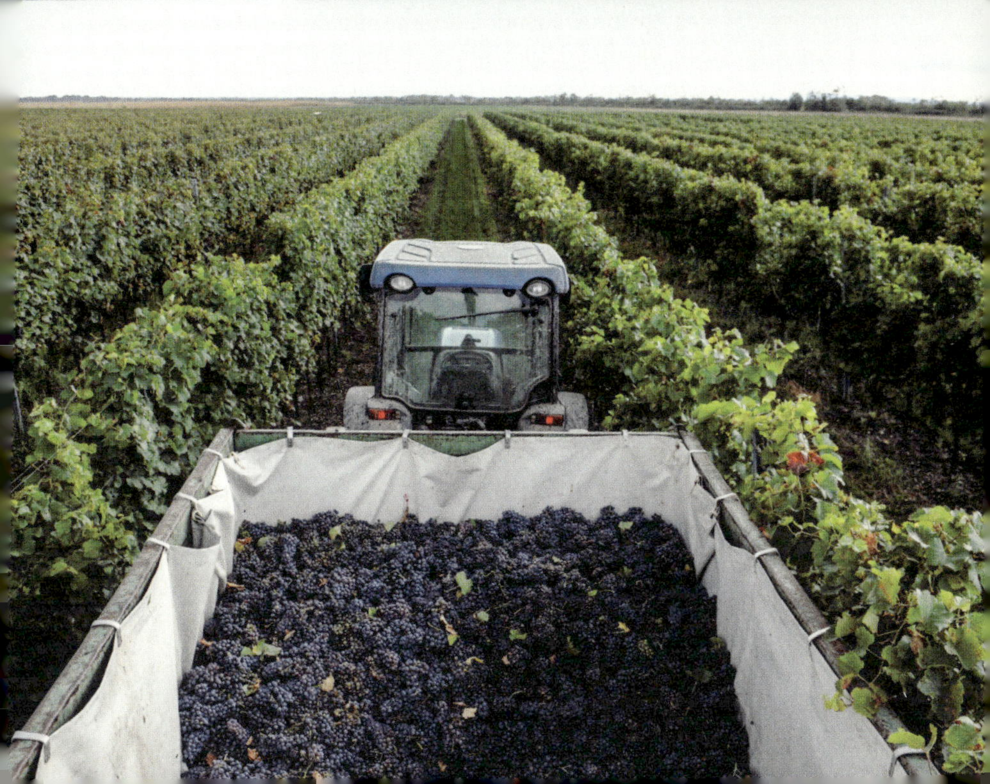

„Beton ist auch nur ein Material, das aus natürlich vorkommenden Stoffen, vor allem Ton und Kalk, gewonnen wird", sagt Werner. „Schon in römischen Schriften ist die Rede von ‚flüssigem Gestein‘." Die Römer haben ihn tatsächlich schon beim Bau des Pantheons und des Kolosseums benutzt. Der Vorteil gegenüber dem Holzfass ist, dass der Sauerstoff viel langsamer und gleichmäßiger ins Innere des Betonfasses, das 900 Liter fasst, gelangt. Dieser Sauerstoffaustausch ist für die Entwicklung des Geschmacks sehr wichtig, es ist das Geheimnis der Weinreifung. Der Beton würde nur deshalb als so unnatürlich empfunden, weil er oft so brachial verwendet werde. „Die Geschmäcke im Wein ändern sich mit der Zusammensetzung der Inhaltsstoffe des Weines, und wie diese im Mund, auf der Zunge und am Gaumen empfunden werden." Wenn der Wein reift, verändert sich die molekulare Struktur. Durch den Eintritt von Sauerstoff verbinden sich jeweils zwei Moleküle zu mehr oder weniger langen sogenannten Polymeren, die je nach Länge und Gestalt mehr oder weniger stark von den Geschmacksknospen aufgenommen und damit empfunden werden. „Manche rutschen einfach ohne Wirkung über die Zunge nach hinten in den Schlund, manche verweilen länger und werden wahrgenommen, ‚geschmeckt‘."

Die Form des Eis lässt den Wein sich im Innern gleichförmig durchmischen, denn es gibt keine Ecken, alle Seiten sind gleich im Verhalten zueinander. So beginnen die durch Polymerisation schwerer gewordenen Partikelketten abzusinken und rutschen in die Mitte hin zu Boden, um dort wieder sehr, sehr langsam aufzusteigen, da sie von den nachfolgenden wieder nach oben gedrängt werden. So kann eine gemächliche Homogenisierung stattfinden. Der Wein reift in ständiger harmonischer Bewegung.

Der Graupert

Nun folgt zum Schluss noch eine interessante Geschichte, ein Versuch, den Werner schon vor einem Jahrzehnt gestartet hat: die konsequente Nicht-Beschneidung der Rebe. Der Wunsch entstand in der Betrachtung der Rebe: „Mit welcher Art Pflanze, mit welchen Wachstumsverhalten hat man es zu tun? Es ist im Grunde genommen die wesentliche Frage in der biodynamischen Pflanzenpflege: Was ist das Wesen der Rebe? Man erkennt sehr bald, dass sie einem lianenartigen Wuchsbild folgt und einen Leittrieb ausbildet. Sobald sie beschnitten wird, ist die Pflanze wieder beschäftigt, die nächste Triebspitze auszubilden. Dafür stellt sie ihre Phytohormone um, sie ist beschäftigt, wieder eine Harmonie in Wachstum und Entwicklung herzustellen. Das kostet viel Energie. Es geht auch darum, als Mensch nicht immer regulierend einzugreifen, sondern die Natur ihr Gleichgewicht finden zu lassen."

Und so kam es zum Nicht-Schnitt. Eine Methode, die von der Familie Michlits entwickelt wurde. Freilich wurden sie zuerst belächelt. „Trotz elfjähriger Umstellungsphase wollen wir sehen, ob es nach 40 oder 50 Jahren immer noch funktioniert, denn das sollte es. Zu sehen ist, wie sich das Innere der Rebe lichtet, denn durch die Beschattung entwickeln sich keine Triebe mehr, es entsteht ein luftiges Mikroklima. Die Triebe befinden sich alle an der Außenseite, sind kürzer, haben nicht mehr die überstarke Triebkraft, und werden ideal besonnt." So auch die Trauben, von denen es eine Vielzahl gibt. Sie sind aber sehr klein und haben viele winzige Beeren, die mehr Haut und in Relation dazu weniger Saft haben, eine natürliche Konzentration also, Werners Ziel. Und weil der Weingarten dementsprechend verwachsen, ja etwas dschungelartig, strubbelig aussieht, wurde dem besonders extraktreichen Wein der Name „Graupert" gegeben.

So fahre ich bereichert mit vielen Informationen und auch sehr nachdenklich zurück nach Hause. Die biodynamische Wirtschaftsweise haben wir damals zu Anfang in Herrmannsdorf nicht verfolgt, weil wir Angst hatten, in eine Glaubensschublade gesteckt zu werden. Aber sie hat mich immer wieder fasziniert, wenn ich mit ihr wie hier bei den Michlitsens in einer guten, leichten Art und Weise in Berührung kam. Nun werde ich mit Andrea, meiner Demeter-Gärtnerin in Sonnenhausen, die eigenen Präparate-Anstrengungen intensivieren.

Mein größter Wunsch wäre, dass sich in Zukunft noch mehr Bio-Pioniere und -Pionierinnen aufmachen, um die Welt zu verändern – wie zum Beispiel meine drei Kinder Sophie (Bio-Catering), Anna (Bio-Mode) und Max (Bio-Wein und Bio-Spirituosen). Es gibt noch viel zu tun!

Bibliografische Information der Deutschen Nationalbibliothek
Die Deutsche Nationalbibliothek verzeichnet diese Publikation in der Deutschen Nationalbiblio-
grafie; detaillierte bibliografische Daten sind im Internet über http://dnb.d-nb.de abrufbar.

1. Auflage

Konzept, Texte, Fotos & Planskizzen: Georg Schweisfurth
Redaktion: Katharina Seiser
Covergestaltung, Grafik & Satz: Fuhrer, Wien
Coverfoto: © Birgit Hart
Fotos S. 6 (Mitte), 86 (oben), 89, 90 (2): © Tom Gebhardt; S. 105: © Mas de Vaudoret; S. 119 (unten):
© Maximilian Neibach; S. 124 (unten): © Eva Linke; S. 132 (Mitte), 134: © La Selva; S. 168 (Mitte):
Kirsten Walter; S. 178 (unten), 183: © Mogens Biune, S. 202 (3): © Juchowo

Lektorat: Joe Rabl

Schriften: Apex Serif, ApexNew und Publico Headline
Papier: Munken print

ISBN 978-3-85033-789-2

Christian Brandstätter Verlag
GmbH & Co KG
A-1080 Wien, Wickenburggasse 26
Telefon (+43-1) 512 15 43-0
Telefax (+43-1) 512 15 43-231
E-Mail: info@cbv.at
www.cbv.at

Designed in Austria, printed in the EU